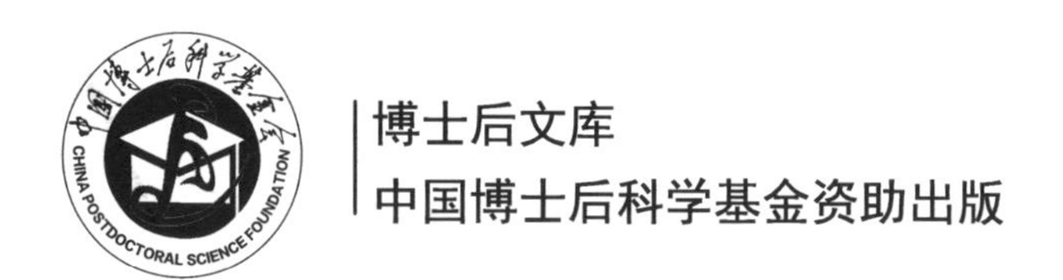

全陶瓷轴承振动与噪声特性研究

白晓天 著

科学出版社
北京

内 容 简 介

本书是论述全陶瓷轴承振动与噪声产生原理，并分析其变化规律的学术专著。全书共 7 章，第 1 章介绍全陶瓷轴承的研究与应用现状，第 2、3 章建立了适用于全陶瓷轴承的动力学模型与声辐射模型，第 4 章分析了场点半径、场点轴向距离对全陶瓷轴承辐射噪声指向性和声辐射频域结果的影响，第 5、6 章分析了声场指向性随滚动体参数、排列方式、个数与工况参量的变化规律，第 7 章通过实验手段对建立模型进行了验证。

本书可供从事全陶瓷轴承设计与应用相关工作的人员阅读，也可作为高等院校机械工程专业研究生和高年级本科生的参考书。

图书在版编目(CIP)数据

全陶瓷轴承振动与噪声特性研究 / 白晓天著. —北京：科学出版社，2021.6

（博士后文库）

ISBN 978-7-03-062531-1

Ⅰ. ①全…　Ⅱ. ①白…　Ⅲ. ①陶瓷滚动轴承-轴承振动-噪声特性-研究　Ⅳ. ①TH133.33

中国版本图书馆 CIP 数据核字（2019）第 221992 号

责任编辑：姜　红　韩海童 / 责任校对：樊雅琼
责任印制：吴兆东 / 封面设计：无极书装

科 学 出 版 社 出版
北京东黄城根北街 16 号
邮政编码：100717
http://www.sciencep.com

北京捷迅佳彩印刷有限公司 印刷
科学出版社发行　各地新华书店经销
*

2021 年 6 月第　一　版　开本：720×1000　1/16
2021 年 6 月第一次印刷　印张：9 1/4
字数：186 000

定价：99.00 元

（如有印装质量问题，我社负责调换）

《博士后文库》序言

1985 年，在李政道先生的倡议和邓小平同志的亲自关怀下，我国建立了博士后制度，同时设立了博士后科学基金。30 多年来，在党和国家的高度重视下，在社会各方面的关心和支持下，博士后制度为我国培养了一大批青年高层次创新人才。在这一过程中，博士后科学基金发挥了不可替代的独特作用。

博士后科学基金是中国特色博士后制度的重要组成部分，专门用于资助博士后研究人员开展创新探索。博士后科学基金的资助，对正处于独立科研生涯起步阶段的博士后研究人员来说，适逢其时，有利于培养他们独立的科研人格、在选题方面的竞争意识以及负责的精神，是他们独立从事科研工作的“第一桶金”。尽管博士后科学基金资助金额不大，但对博士后青年创新人才的培养和激励作用不可估量。四两拨千斤，博士后科学基金有效地推动了博士后研究人员迅速成长为高水平的研究人才，“小基金发挥了大作用”。

在博士后科学基金的资助下，博士后研究人员的优秀学术成果不断涌现。2013 年，为提高博士后科学基金的资助效益，中国博士后科学基金会联合科学出版社开展了博士后优秀学术专著出版资助工作，通过专家评审遴选出优秀的博士后学术著作，收入《博士后文库》，由博士后科学基金资助、科学出版社出版。我们希望，借此打造专属于博士后学术创新的旗舰图书品牌，激励博士后研究人员潜心科研，扎实治学，提升博士后优秀学术成果的社会影响力。

2015 年，国务院办公厅印发了《关于改革完善博士后制度的意见》（国办发〔2015〕87 号），将“实施自然科学、人文社会科学优秀博士后论著出版支持计划”作为“十三五”期间博士后工作的重要内容和提升博士后研究人员培养质量的重要手段，这更加凸显了出版资助工作的意义。我相信，我们提供的这个出版资助平台将对博士后研究人员激发创新智慧、凝聚创新力量发挥独特的作用，促使博士后研究人员的创新成果更好地服务于创新驱动发展战略和创新型国家的建设。

祝愿广大博士后研究人员在博士后科学基金的资助下早日成长为栋梁之才，为实现中华民族伟大复兴的中国梦做出更大的贡献。

中国博士后科学基金会理事长

前　言

滚动轴承作为机械结构中的重要元件，其各方面性能都得到了广泛关注，尤其是在航空航天、超精密加工等领域，高温、超高速、乏油等极端工况频繁出现，对滚动轴承的服役性能提出了更高的要求。在这些工况下，传统钢制轴承力学性能略显不足，难以满足工作需求，全陶瓷轴承作为一种将氮化硅、氧化锆等工程陶瓷材料应用于轴承内外圈、滚动体制备的新型轴承，具有刚度大、硬度高、耐磨、耐腐蚀等优良性能，从而得到了人们的青睐。然而，全陶瓷轴承发展时间较短，还有很多问题未能得到妥善解决，其中比较棘手的是振动噪声问题，在相同工况下，全陶瓷轴承辐射噪声比同尺寸的钢制轴承高出 20%～30%，剧烈的噪声严重影响了相关设备工作的声环境，并阻碍了轴承转速进一步提升。

全陶瓷轴承的辐射噪声来源于其运转过程中构件之间相互作用产生的表面振动，因此解决噪声问题需从振动入手。国内外学者针对滚动轴承已经建立了一套比较完备的动力学模型，但将基于钢制滚动轴承的动力学模型应用于全陶瓷轴承上进行计算时，发现模拟仿真与实际结果之间有一定的误差。这是由于全陶瓷轴承材料属性与钢制轴承材料属性不同，在运转过程中构件之间接触与动力学行为有所差异导致。针对这一问题，需要结合陶瓷材料特有的材料属性，针对全陶瓷轴承建立动力学模型与声辐射模型进行研究。因此，在本书中，作者对全陶瓷轴承刚度较大造成的滚动体不均匀承载效应进行了研究，对承载滚动体个数与分布位置情况进行了细致讨论，并在此基础上得到了适用于全陶瓷轴承的动力学模型，提升了模型计算精度。

本书基于表面振动与辐射噪声的相关性原理，推导出可以用于全陶瓷轴承辐射噪声计算的子声源分解理论，揭示了辐射噪声的产生与传递过程，并分别基于建立的全陶瓷轴承动力学模型与传统动力学模型，对轴承辐射噪声分布情况进行了计算；通过实验方法对两种模型的计算结果进行对比，验证了本书中建立的全陶瓷轴承动力学模型的适用性与准确性。

现有的辐射噪声评价方法比较单一，一般是对单个场点处时域信号进行采集，得出其幅值与频率特性，这种方法对于全陶瓷轴承辐射噪声分析意义不大。本书引入声场指向性概念，通过周向辐射噪声分布规律反映其承载状态，丰富了辐射噪声评价体系，获取了各结构参数与工况参量对噪声的影响趋势，建立了全陶瓷轴承滚动体承载状态与辐射噪声特征的映射关系，为设计全陶瓷轴承辐射噪声削弱策略提供参考。

本书内容是作者及其所在研究团队多年来对全陶瓷轴承进行研究的部分工作总结，而全陶瓷轴承的材料特性与传统钢制轴承存在较大差异，其振动与噪声特性与状态演化是个更复杂的过程，需要进一步探索。作者希望本书能够为致力于全陶瓷轴承振动噪声特性研究的学者提供一些参考，对全陶瓷轴承及其相关设备领域的研究起到微薄的推进作用。

作者在完成本书所述成果的研究过程中，得到了国家自然科学基金面上项目“无内圈式陶瓷电主轴单元的动-热耦合特性分析及其结构优化”（项目编号：51675353）、国家自然科学基金青年科学基金项目“高速电主轴间歇故障混合模型建模与智能诊断研究”（项目编号：51705341）、国家自然科学基金青年科学基金项目“基于非参数化模型的高铁钢轨振动系统实时识别研究”（项目编号：51705340）与辽宁省博士科研启动基金项目“高速陶瓷电主轴声学特性分析及优化策略研究”（项目编号：20170520147）的大力支持与资助。同时，沈阳建筑大学部分硕士、博士研究生参与了本书所述成果的研究工作，作者在此向为本书提供过帮助的所有人员表示感谢。

由于作者水平有限，书中难免有疏漏和不足之处，烦请各位读者批评指正。

作　者

2020 年 8 月于沈阳

目　录

符　号　表

X,Y,Z	惯性坐标
m_i	内圈质量
m_b	公称滚动体质量
m_h	轴承座质量
k_{ir}, k_{or}	滚动体与内圈、外圈接触刚度
$k_{ox}, k_{oy}, k_{hx}, k_{hy}$	外圈、轴承座沿 X,Y 方向刚度
c_{ir}, c_{or}	滚动体与内、外圈接触阻尼
$c_{ox}, c_{oy}, c_{hx}, c_{hy}$	外圈、轴承座沿 X,Y 方向阻尼
T	系统动能
U	系统势能
q_i	广义坐标
D	系统能量散逸函数
Q_i	广义外力
$\sum F$	相应构件所受的合力
$\sum M$	相应构件所受的合力矩
Q_{ij}, Q_{oj}	内、外圈施加给滚动体 j 的压力
α_{ij}, α_{oj}	滚动体与内、外圈的接触角
F_{cj}	滚动体所受离心力
M_{gj}	滚动体自转转矩
F_{gj}	摩擦力
$\lambda_{ij}, \lambda_{oj}$	内、外圈控制参数

J	转动惯量
$X_{\mathrm{i}}, Y_{\mathrm{i}}, Z_{\mathrm{i}}$	内圈坐标
$X_{\mathrm{c}}, Y_{\mathrm{c}}, Z_{\mathrm{c}}$	保持架坐标
$X_{\mathrm{b}j}, Y_{\mathrm{b}j}, Z_{\mathrm{b}j}$	滚动体 j 坐标
J_j	滚动体 j 的转动惯量
$\omega_{\eta j}$	滚动体 j 在 $X_{\mathrm{b}j}O_{\mathrm{b}j}Z_{\mathrm{b}j}$ 平面内陀螺运动的角速度
D_j	滚动体 j 直径
$\dot{\omega}_{\xi j}$	滚动体 j 在 $Y_{\mathrm{b}j}O_{\mathrm{b}j}Z_{\mathrm{b}j}$ 平面内的自转角加速度
m_j	滚动体 j 的质量
μ	保持架与滚动体之间的摩擦系数
$Q_{\mathrm{c}j}$	保持架与滚动体 j 之间的接触力
R_{i}	轴承内圈内径
l_{i}	内圈最小厚度
r_{i}	内圈滚道半径
$\overline{O_{\mathrm{i}}O_{\mathrm{b}j}}$	内圈中心与滚动体 j 中心距离在 YOZ 平面内投影
$\overline{OO_{\mathrm{b}j}}$	固定坐标系中心与滚动体 j 中心距离在 YOZ 平面内投影
$\omega_{\mathrm{i}x}, \omega_{\mathrm{i}y}, \omega_{\mathrm{i}z}$	内圈角速度
$\dot{\omega}_{\mathrm{i}x}, \dot{\omega}_{\mathrm{i}y}, \dot{\omega}_{\mathrm{i}z}$	内圈沿 $O_{\mathrm{i}}X_{\mathrm{i}}, O_{\mathrm{i}}Y_{\mathrm{i}}, O_{\mathrm{i}}Z_{\mathrm{i}}$ 轴的相应角加速度
$I_{\mathrm{i}x}, I_{\mathrm{i}y}, I_{\mathrm{i}z}$	内圈沿 $O_{\mathrm{i}}X_{\mathrm{i}}, O_{\mathrm{i}}Y_{\mathrm{i}}, O_{\mathrm{i}}Z_{\mathrm{i}}$ 轴的转动惯量
$\ddot{x}_{\mathrm{i}}, \ddot{y}_{\mathrm{i}}, \ddot{z}_{\mathrm{i}}$	内圈绕 $O_{\mathrm{i}}X_{\mathrm{i}}, O_{\mathrm{i}}Y_{\mathrm{i}}, O_{\mathrm{i}}Z_{\mathrm{i}}$ 轴的加速度
$r_{\mathrm{i}j}$	公转半径
d_{m}	轴承节圆直径
e_{c}	保持架偏心量
ϕ_{c}	固定坐标系$\{O;Y,Z\}$与保持架坐标系$\{O_{\mathrm{c}};Y_{\mathrm{c}},Z_{\mathrm{c}}\}$的夹角

$Q_{cxj}, Q_{cyj}, Q_{czj}$	Q_{cj} 在 O_cX_c, O_cY_c, O_cZ_c 坐标轴方向上的分量
φ_j	滚动体 j 在保持架坐标系 $\{O_c; Y_c, Z_c\}$ 下的方位角
F_c	润滑油施加给保持架的作用力
F_{cy}, F_{cz}	F_c 沿 O_cY_c 与 O_cZ_c 轴方向的分量
$P_{R\xi j}, P_{R\eta j}$	在 $Y_cO_cZ_c$ 平面与 $X_cO_cZ_c$ 平面内滚动体施加给保持架的摩擦力分量
N	滚动体总个数
N_1	承载滚动体个数
m_c	保持架质量
$\ddot{x}_c, \ddot{y}_c, \ddot{z}_c$	保持架沿 O_cX_c, O_cY_c, O_cZ_c 轴方向加速度
M_{cx}	外部载荷
I_{cx}, I_{cy}, I_{cz}	保持架转动惯量
$\omega_{cx}, \omega_{cy}, \omega_{cz}$	保持架绕 O_cX_c, O_cY_c, O_cZ_c 轴转动角速度
$\dot{\omega}_{cx}, \dot{\omega}_{cy}, \dot{\omega}_{cz}$	保持架绕 O_cX_c, O_cY_c, O_cZ_c 轴转动角加速度
$F_{bjx}, F_{bjy}, F_{bjz}$	表示润滑油对滚动体的作用力在 $O_{bj}X_{bj}, O_{bj}Y_{bj}, O_{bj}Z_{bj}$ 方向上的分量
$F_{R\eta\eta j}, F_{R\xi\xi j}$	外圈与滚动体之间摩擦力在 $X_{bj}O_{bj}Z_{bj}$ 与 $Y_{bj}O_{bj}Z_{bj}$ 平面内的分量
G_{yj}, G_{zj}	滚动体 j 重力在 $O_{bj}Y_{bj}$ 与 $O_{bj}Z_{bj}$ 轴上的分量
ρ	滚动体材料密度
$Q'_{cxj}, Q'_{cyj}, Q'_{czj}$	$Q_{cxj}, Q_{cyj}, Q_{czj}$ 在滚动体坐标系 $\{O_{bj}; X_{bj}, Y_{bj}, Z_{bj}\}$ 上的投影
$\ddot{x}_{bj}, \ddot{y}_{bj}, \ddot{z}_{bj}$	滚动体沿 $O_{bj}X_{bj}, O_{bj}Y_{bj}, O_{bj}Z_{bj}$ 轴的加速度
I_{bj}	滚动体 j 在固定坐标系 $\{O; X, Y, Z\}$ 中的转动惯量
J_{xj}, J_{yj}, J_{zj}	滚动体 j 在滚动体坐标系 $\{O_{bj}, X_{bj}, Y_{bj}, Z_{bj}\}$ 中对应各转轴的转动惯量
$\omega_{xj}, \omega_{yj}, \omega_{zj}$	滚动体 j 绕 $O_{bj}X_{bj}, O_{bj}Y_{bj}, O_{bj}Z_{bj}$ 轴的转动角速度

$\omega_{bxj}, \omega_{byj}, \omega_{bzj}$	滚动体在固定坐标系中绕 OX,OY,OZ 轴的转动角速度
$\dot{\omega}_{xj}, \dot{\omega}_{yj}, \dot{\omega}_{zj}, \dot{\omega}_{bxj}, \dot{\omega}_{byj}, \dot{\omega}_{bzj}$	相应角加速度
$\dot{\theta}_{bj}$	滚动体在坐标系 $\{O; X,Y,Z\}$ 中公转速度
δ	全陶瓷轴承滚动体球径差
D_n	滚动体公称直径
R_m	第 m 个滚动体的球径差系数
δ_b	球径差幅值
∇^2	二阶拉普拉斯算子
$p(x)$	声压
k	声波波数
ω	声波圆频率
c	声速
$\boldsymbol{n}$	结构表面的外法线单位矢量
d	流体介质密度
v_n	结构表面的外法线振速
$j=\sqrt{-1}$	虚数算子
$R=\|x-y\|$	配置点距离场点的距离
S_s	子声源表面
S_i, S_c, S_{bj}, S_{bk}	内圈、保持架、承载滚动体 j 与非承载滚动体 k 的子声源表面
$p_s(y)$	由声源 s 产生的位于 y 点的表面声压
$\boldsymbol{n}_y$	S_s 平面外法线方向单位向量
$\boldsymbol{A},\boldsymbol{B}$	与声源表面条件和波数相关的影响系数矩阵
v_{ns}	S_s 面上的法向振速

p_{s}	由声源 s 辐射至场点 y 处的声压
$\boldsymbol{a}_{\mathrm{s}}, \boldsymbol{b}_{\mathrm{s}}$	插值影响系数矩阵
$S(x)$	场点 x 处声压级
f_{r}	轴承转动频率
$f_{\mathrm{c}}, f_{\mathrm{b}}, f_{\mathrm{i}}, f_{\mathrm{o}}$	保持架、滚动体、内圈滚道与外圈滚道的特征频率
$S_{\max}, S_{\min}$	周向方向上声压级最大值、最小值
G_{s}	周向声压级变化量
ϕ_{m}	$S_{\max}$对应的相位角，称为指向角
$\bar{S}$	周向方向上声压级平均值
S_i	第 i 个场点处的声压级
N_{f}	场点总个数
$\sum Q_{\mathrm{i}}, \sum Q_{\mathrm{o}}$	各滚动体与轴承内圈、外圈作用力之和
Δ_j	第 j 个滚动体对应的相邻球径差
$\bar{\Delta}$	相邻滚动体球径差Δ_j的平均值
φ_{C}	虚拟承载滚动体 C 的相位角
$F_{\mathrm{A}}, F_{\mathrm{B}}$	虚拟承载滚动体 C 与内圈间挤压力
$T_{\mathrm{A}}, T_{\mathrm{B}}$	虚拟承载滚动体 C 与内圈间切向力
$\varphi_{\mathrm{A}}, \varphi_{\mathrm{B}}$	滚动体 A、B 的相位角
R_{i}'	内圈内滚道处半径
$\sum F_{\mathrm{a}}$	内圈所受轴向合力

1 绪　　论

1.1 陶瓷轴承的主要性能与分类

轴承常被称为“机械的关节”，其运行平稳度、回转精度、振声特性等性能对整个机械设备有着至关重要的影响[1-5]。轴承工业是国家基础性战略产业，对国民经济和国防建设起着重要的支撑作用。传统轴承采用轴承钢作为制造材料，近几十年来，随着科学技术进步，滚动轴承的使用环境和条件越来越苛刻，如高速、高温、腐蚀、强磁性、乏油润滑等恶劣工况，传统钢制轴承已不能满足要求，从而逐渐出现了陶瓷轴承、塑料轴承等非金属轴承种类。其中陶瓷轴承采用氮化硅、氧化锆等高性能陶瓷作为材料，这种材料具有很多传统金属材料所不具备的优良物理、化学特性，用陶瓷材料制造的轴承具有密度小、刚度大、表面硬度高、耐磨损、耐腐蚀、耐高温、运转精度高等特性，可广泛应用于航空航天、航海、石油、化工、汽车、电子设备、冶金、电力、纺织、泵类、医疗器械、科研和国防军事等领域，是应用新材料的高科技产品。

陶瓷轴承可分为混合陶瓷轴承与全陶瓷轴承两大类，两种轴承的共同点在于其滚动体均为陶瓷材料制成。陶瓷滚动体密度较小，便于在航空航天、航海相关设备中实现轻量化设计，减少设备负荷；陶瓷滚动体质量小，在高转速下离心力小，提高了轴承承载能力，减小了滚动体与轴承套圈间的磨损，延长了轴承使用寿命。混合陶瓷轴承与全陶瓷轴承的区别在于混合陶瓷轴承采用陶瓷材料制作滚动体，而内外圈依然采用轴承钢制成，而全陶瓷材料的内圈、外圈、滚动体均采用陶瓷材料制成，如图 1.1 所示。

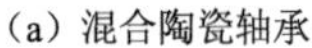

（a）混合陶瓷轴承

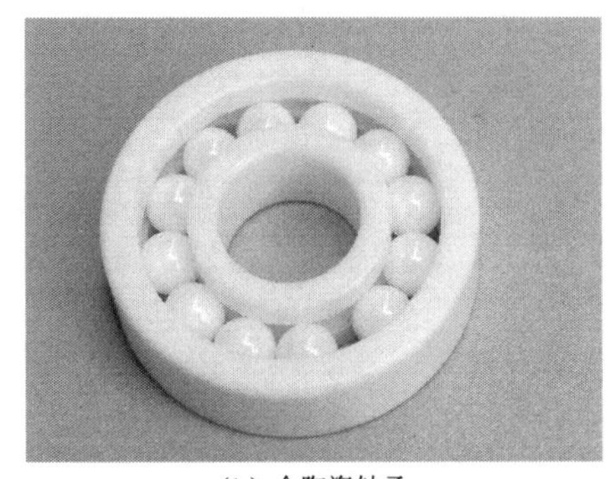

（b）全陶瓷轴承

图 1.1 混合陶瓷轴承与全陶瓷轴承

混合陶瓷轴承制备简单，装配难度小，制造成本较低，生产效率高，在汽车发动机、高速机床上已得到广泛应用，但由于其采用两种材料配合制成，运行过程中由于硬度差易产生严重磨损，在极端工况下其内外圈寿命明显低于滚动体，大大降低了运行效率，提高了运行维护成本[6-8]。相比而言，全陶瓷轴承制备较困难，现有制造工艺难以满足高精度批量制造要求，但其材料的硬度远大于普通轴承钢，同种型号轴承相同工作条件下全陶瓷轴承使用寿命相比于普通钢制轴承可提高 30%。随着对航空发动机主轴轴承与超高速主轴轴承的要求不断提高，对轴承极限转速下的耐高温性能要求也不断增强。金属轴承套圈在高速运动下受摩擦热影响产生的内部应力与变形量较大，长期处于高速、高温工况下外圈会发生塑性变形，并最终造成轴承失效、破坏，其抗热震性差是导致金属轴承在高速、高温工况下难以满足长时间工作的主要原因。目前航空发动机中轴承长期工作于高转速、高温、大温差的条件下，采用金属轴承与混合陶瓷轴承难以保持轴承工作精度，保证轴承使用寿命的难度也较大[9]。

同时，由于工作转速高，设备维修周期长，轴承易长时间处于乏油状态。研究表明，对带有金属构件的金属轴承与混合陶瓷轴承而言，乏油工况下轴承套圈与滚动体之间剧烈的摩擦会导致温度迅速升高，滚动体与套圈受热产生明显形变，轴承游隙减小，易导致轴承摩擦阻力增大，滚动体与套圈磨损量增加，工作效率降低，甚至导致轴承抱死，造成重大事故与经济损失。因此，乏油工况下全陶瓷轴承的服役性能是带有金属构件的金属轴承与混合陶瓷轴承难以满足的。而对全陶瓷轴承而言，其材料热变形系数仅为轴承钢材料的 1/4~1/5，且耐磨性好，在乏油工况下能够保证较长的使用寿命。

另外，全陶瓷轴承材料内部带有空隙，可以填充固体润滑剂，因而可采用自润滑手段保证其工作性能[10]，这一优势使其在不能保证实时润滑条件下的服役性能明显优于传统钢制轴承。目前全陶瓷轴承在乏油工况下的极限工作温度已经能够突破 1000°C，连续工作时间可达 100h。由此可知，相比金属轴承，全陶瓷轴承在应用性能方面具有显著的优势。随着制造水平的不断发展，其应用前景势必更加广阔[11-13]。因此，全陶瓷轴承的设计与加工工艺制定已成为国内外学者研究热点。现阶段，用于制备全陶瓷轴承的工程陶瓷材料主要有氮化硅、氧化锆等，制备工艺为热等静压成型，其优点为制备元件密度分布均匀，致密度高，内部应力小，力学性能优异，便于实现近净成型，节约材料，节省制备成本。其中氮化硅陶瓷为黑色，氧化锆陶瓷为白色，全陶瓷轴承保持架材料为胶木或酚醛树脂，如图 1.2 所示。

（a）氮化硅全陶瓷轴承

（b）氧化锆全陶瓷轴承

图 1.2 主要全陶瓷轴承类型

1.2 高速陶瓷轴承的制备技术研究进展

1.2.1 高速陶瓷轴承选用材料研究进展

高速陶瓷轴承是指工作转速长期处于 15000r/min 以上的陶瓷轴承，其选用材料一般为氮化硅、氧化锆等工程陶瓷材料。在传统的加工过程中，裂纹的形成与扩展是工程陶瓷材料以磨削主要加工方式。陶瓷表面易形成诸如凹坑、划痕和微裂纹等表面损伤。这些表面缺陷在外部载荷的作用下，会扩展形成较大的脆性裂缝，从而导致高速陶瓷轴承的失效，严重降低了使用性能，不能达到使用要求。因此，提高陶瓷材料的断裂韧性和强度、改善可加工性能、降低材料缺陷是高速陶瓷轴承制备环节中的关键。

工程陶瓷属于硬脆性材料，在加工过程中容易产生裂纹等缺陷，表面质量难以控制。针对陶瓷材料磨削机理展开前瞻性研究能够对材料去除过程中存在的问题进行分析，对高速陶瓷轴承加工工艺的优化具有指导意义。在这一领域，Azarhoushang 等[14]研究了如何控制热损伤和提高陶瓷材料去除率，大幅度减少正常磨削过程造成的陶瓷表面缺陷及内部裂纹，进而有助于改善表面粗糙度。Kumar 等[15]发现磨削过程中产生的热量会诱发表层损伤、裂纹扩展，进而损害工件质量。Stojadinovic 等[16]对微切削进行了实验研究，降低了陶瓷表面裂纹数量，提高了试件加工质量。Ahmad 等[17]采用能够均匀控制的晶粒切削刃分布金刚石砂轮，与传统金刚石砂轮相比，在相同磨削参数下，陶瓷表面延性域磨削去除比例大幅度提高。万林林等[18]基于单颗磨粒磨削路径规划和未变形切割厚度建立了工程陶瓷加工表面延性域去除与加工参数之间的关系模型并进行了试验验证。朱宝义等[19]运用分子动力学仿真模拟高速磨削下单颗金刚石磨粒切削单晶硅的过程，通过分析切削、相变、位错运动并结合工件表面积的演变规律研究磨削速度对亚表层损伤和磨削表面完整性的影响。Liu 等[20]基于平滑粒子流体动力学的单粒度划痕实验，研究了陶瓷材料磨削去除机理，包括材料去除过程，刮擦速度对裂纹扩展的影响，验证了单颗粒切削深度对陶瓷韧性-脆性转变临界条件的决定性作用，并分析了其对表面粗糙度和磨削力的影响规律。Tan 等[21]利用离散元方法模拟了工程陶瓷材料的力学行为，并通过对磨削过程的建模仿真，研究了裂缝的萌生和扩展。Li 等[22]在纳米压痕系统上进行了不同深度的单颗粒陶瓷材料纳米划痕试验，建立了基于不同深度的纳米划痕力学模型，并通过实验结果验证了模型的可靠性。

综上所述，国内外学者对陶瓷材料的增韧与加工方法进行了深入分析，并取得了一定的成果。但是对于工程陶瓷材料去除机理，目前在裂纹扩展与磨削损伤方面的理论分析及仿真手段还不够完善，且没有形成检测陶瓷表层裂纹的有效方法；传统宏观温度分析及有限元温度场分析方法不能揭示磨削过程中因高温引起工程陶瓷材料表面变质层形成机理，对磨削特性影响过程等问题无法进行有效分析；陶瓷材料延性域磨削转变机制及其关键影响因素还未确定。

1.2.2 陶瓷滚动体加工方法研究进展

作为陶瓷轴承的重要组成部分，陶瓷滚动体的加工精度及表面完整性是影响轴承应用性能、使用寿命的关键因素。因此，陶瓷滚动体的去除机理、研磨工艺一直是国内外研究的重点。Jiang 等[23]和 Ranjan 等[24]分析得出高温、高压条件下，工件、磨料和加工介质之间还会发生化学机械作用。Stolarski 等[25]提出陶瓷球表面的材料去除会随着压力和磨料粒度的变化产生刻划和压痕两种形式。Kang 等[26]分析得出在陶瓷球的磁性流体研磨抛光过程中，磨粒嵌入研具表面，与球坯发生相对滑动，陶瓷球属于二体磨损形式。Jha 等[27]提出陶瓷球存在二体和三体磨损形式，该磨损形式主要与加工载荷有关。Umehara 等[28]讨论了磁性流体研磨过程中材料去除率、表面粗糙度和球度的改善方法。Childs 等[29]研究了磁性流体研磨过程中球坯的运动，探讨陀螺效应对球运动的影响及每颗球承受不同研磨负荷对球运动和球与球之间相互作用力的影响。Zhang 等[30]分析和观测了磁性流体研磨过程中球面的研磨轨迹，认为球面研磨轨迹是一组固定的圆环，以及球表面形状误差与支撑系统的振动问题。相对国外研究而言，国内对陶瓷球的加工研究起步稍晚，但也取得了较为显著的成果。朱晨[31]系统分析了不同研磨方式下球坯表面不同的研磨轨迹分布形式。Lee 等[32]采用几何运动方程，计算了 V 形槽研磨过程中和偏心盘研磨过程中，自转角、自转角速度、公转速度的变化。郁炜等[33]认为磨损中的精密球体材料去除率不仅与外加载荷和速率的过程参数有关，而且与球、研磨料浓度和加工机械的物理性质、几何参数有关。

国内天津大学、哈尔滨工业大学、湖南大学、华侨大学、浙江工业大学，以及上海材料研究所、中国科学院上海硅酸盐研究所、山东工业陶瓷研究设计院有限公司、洛阳轴承研究所有限公司等单位均在研究陶瓷球加工机理及表面质量控制等方面取得了显著的成果。但在工程陶瓷球的表面质量控制及生产效率等方面我国还与欧洲发达国家、美国、日本等存在一定差距。因此，我国在提高工程陶瓷球表面质量及生产效率。研发新型陶瓷球研磨工艺与方法等方面还需要进行深入研究。

1.2.3 陶瓷套圈加工方法研究进展

陶瓷套圈滚道的表面粗糙度、滚道曲率及圆度等方面是影响全陶瓷球轴承性能及寿命的重要因素。由于工程陶瓷材料的硬脆特性，不能将钢制轴承套圈加工工艺完全复制到陶瓷轴承套圈加工中。因此，如何完善全陶瓷轴承套圈加工机理，开发改善陶瓷套圈滚道表面质量加工工艺是一个关键问题。目前，国外对于陶瓷套圈滚道加工精度及表面质量控制方面已获得了大量研究成果。但由于技术封锁，在该方面的相关学术论文及技术报告极为少见。国内在控制陶瓷套圈的表面质量的研究方面也取得了一定的成果，目前主要集中在陶瓷套圈加工过程中的变形、砂轮轮廓精度及超精工艺等对套圈滚道质量的影响等方面。

刘国仓等[34]分析陶瓷套圈车削加工使用传统三爪夹具存在的问题，设计了一种新型的陶瓷套圈车削用内夹式浮动夹具，并对夹具的最小夹紧力进行计算。林晓辉等[35]采用绿色碳化物（green carbide，GC）杯形砂轮修整器对圆弧砂轮进行修整，通过分析杯形砂轮修整器几何误差和原理误差，减小了不同的面形误差分布，验证了定位倾斜误差对非球面加工的影响。张贝等[36]采用磨粒有序排布的钎焊金刚石修整工具对钎焊砂轮进行了修整，并对砂轮形貌进行了观测统计，研究发现砂轮磨粒的等高性得到明显改善且避免了磨粒端部的严重钝化。刘月明等[37]为研究单点金刚石笔的磨损和修整参数对磨削工件表面的影响，利用数值模拟和试验测量的方法揭示了砂轮修整及磨削过程。张晶霞等[38]指出了现用陶瓷套圈滚道超精方法中存在的原理性误差，结合设备及加工方法提出了将设备调整为最佳状态时要综合考虑的因素。

通过上述研究可知，国内外学者已经对陶瓷套圈加工质量及其控制进行了较为深入的研究，但目前的研究大多集中在单个因素对陶瓷套圈滚道精度及表面质量的影响，而对多因素耦合影响陶瓷套圈滚道质量的研究很少，并且对陶瓷套圈滚道去除机理方面研究并不深入。因此，分析陶瓷套圈滚道磨削机理，提出陶瓷套圈加工新工艺及改善滚道表面质量，是关系到全陶瓷轴承达到预期应用目标、突破国外技术壁垒的关键。

1.3 高速陶瓷轴承的发展与应用现状

1.3.1 高速陶瓷轴承国外发展与应用现状

目前，对于混合陶瓷轴承与全陶瓷轴承，国内外学者已经展开了大量研究。由于全陶瓷轴承热稳定性及耐磨性相比其他轴承有大幅度提升，因此常被用于高速、超高速加工及运转设备中，其极限转速很大程度上决定了设备的工作速度[39,40]。现阶段，国外对于全陶瓷轴承的研究已取得了突破性进展，例如：美国陆军研究实验室研制出氮化硅全陶瓷轴承，在红外制导的陀螺光学系统装置中进行考核试验，取得了良好结果；日本石川岛播磨重株式会社和东芝集团联合研制出喷气发动机主轴用的高速氮化硅全陶瓷轴承。对高速陶瓷轴承而言，其高速化性能常用 $D\cdot\omega$值来衡量，其中 D 为轴承内径（单位：mm），ω为轴承工作转速（单位：r/min）。高速主轴 $D\cdot\omega$值通常在 1.0×10^6mm·rad/s 以上，20 世纪 80 年代以来，随着轴承技术和主轴工艺的不断发展，主轴系统 $D\cdot\omega$值从 0.5×10^6mm·rad/s 逐步提升至 3×10^6mm·rad/s。日本 NSK 公司开发的应用于高速主轴的角接触球轴承采用环下喷射润滑技术，将主轴 $D\cdot\omega$值提高到 3.5×10^6mm·rad/s。德国的 FAG 公司最早于 20 世纪 70 年代中期开始陶瓷球轴承的开发，20 世纪 80 年代，随着陶瓷球轴承的研究日益深入，其研究领域也日益拓宽。这期间，美国的 Morrison 等研究了陶瓷球轴承的寿命预测理论，指出陶瓷球轴承的寿命仍然是载荷的指数函数，当可靠度达到 95%时，寿命公式中的寿命指数为 3.16~5.42，最大似然估计值为 4.29。1986 年，日本的藤原孝志研究了陶瓷球轴承的额定载荷计算问题，认为陶瓷球轴承的额定动载荷与额定静载荷均比钢球轴承大，并在试验中证实了陶瓷球轴承的使用寿命比钢球轴承长，且陶瓷球轴承的破坏形式为疲劳剥落，在轴承破坏前，氮化硅陶瓷球不发生塑性变形。1988 年，Hirotoshi 和 Aramaki 等对钢球轴承和陶瓷球轴承做了性能对比试验，指出陶瓷球轴承产生的热量比钢球轴承少约 20%，且在高速运转过程中产生的离心力和陀螺力矩都更小；此外，陶瓷球轴承还具有自润滑性能，可在无润滑的情况下正常运转。进入 20 世纪 90 年代后，研究人员对热等静压氮化硅材料本身的性能及混合陶瓷性能展开了进一步的研究，为陶瓷球轴承分析及设计理论提供了依据。1993 年，Weck 等[41]研究了陶瓷轴承主轴系统在高速加工机床中的应用，采用新型油-气润滑方式使主轴系统 $D\cdot\omega$ 值达到 1.8×10^6mm·rad/s。1996 年，Chiu 等[42]对混合陶瓷球轴承进行了高速、重载下的疲劳试验，研究结果表明，陶瓷轴承的 $D\cdot\omega$ 值可达到 2.5×10^6mm·rad/s，陶瓷球应力达到 2.6MPa 时，运行 2000h 后，仍处于良好状态，并且在不良润滑条件下温升比钢球轴承低。

除混合陶瓷外，国外已开始在高速精密主轴上试验采用全陶瓷球轴承甚至全陶瓷转子轴承等。最早在 1989 年，日本的 Namba 等[43]发明了用于超精密表面磨削的玻璃陶瓷主轴，该玻璃陶瓷主轴具有零热膨胀特性，能实现光学和电子材料的亚微米级和纳米级表面的超精密磨削。日本江黑铁工所研制了一种“Ceracom”型陶瓷材料制成的车床，主要用于加工电子工业产品，最大加工直径为 80mm，车床的主轴与轴承是用氮化硅陶瓷材料制成的[44]。1998 年，日本 Sodick 公司在美国洛杉矶举办的北美金属加工及制造业展览会上展出了具有陶瓷主轴的 C 系列加工中心，该系列产品由于采用了陶瓷主轴，不仅重量大幅度减轻，而且热膨胀率也比一般加工中心降低约 5%；其与 15kW 大功率输出马达组合，运转时的上升时间很短，具有高刚性和高加工精度。2003

年，德国亚琛工业大学机床研究所的 Wock 等[45]创新性地提出了三点接触式角接触球轴承、四点接触式角接触球轴承、多点角接触陶瓷主轴轴承，此后又进行了一系列相关实验研究，并且在轴承滚道喷涂耐磨陶瓷涂层，使机床主轴速度得到进一步提高，$D\cdot\omega$值已达到 3.5×10^6mm·rad/s。国外高速陶瓷轴承发展水平如表 1.1 所示。

表 1.1　国外高速陶瓷轴承发展水平

国家	公司	轴承类型	转速/（r/min）	功率/kW
瑞士	IBAG	全陶瓷轴承	14000	80
日本	Seiko Seiki	全陶瓷轴承	26000	70
意大利	Camfior	全陶瓷轴承	75000	35
瑞士	Step-up	全陶瓷轴承	42000	65

1.3.2　高速陶瓷轴承国内发展与应用现状

国内方面，我国陶瓷轴承研究起步较晚，且发展较慢。1981 年，周威廉[46]通过分析 SKF 公司的研究报告，提出氮化硅工程陶瓷可用于轴承制造。然而直到 1995 年，金洙吉等[47,48]的研究才正式开启了陶瓷轴承的自主理论与实验研究。金洙吉等指出，混合式陶瓷轴承的性能优异，是一种应用前景十分广阔的新型高速轴承。研究人员通过对混合陶瓷轴承展开一系列实验研究，对制备陶瓷球最佳工艺参数进行了合理选择，并得到了混合陶瓷轴承的润滑特性。王黎钦等[49,50]对混合陶瓷轴承与全陶瓷轴承的高转速、大温差工况下服役性能进行了大量研究，奠定了陶瓷轴承的研究基础。自 1996 年以来，吴玉厚等[51]、李颂华等[52]和张珂等[53]对陶瓷轴承展开了一系列研究，指出与同规格的钢轴承相比，陶瓷轴承的极限转速可提高 60%，且弹性模量为同尺寸钢轴承的 1.5 倍，大大提高了运转精度，同时使温升降低 35%至 60%。此外，吴玉厚等还创造性地提出了主轴轴承及主轴均采用工程陶瓷材料的设计方案，并首次成功研制了无内圈式全陶瓷电主轴样机。其最高转速为 30000r/min，功率最大能达到 15kW，轴承-主轴系统的旋转精度[−1μm，+1μm]，正常工作寿命达到 6000h，性能已经达到国外先进技术水平。

近年来，陶瓷轴承在极端环境下的优异性能得到了国内学者的广泛关注。黄海等[54]对陶瓷球轴承热弹流润滑模型进行分析，得到了陶瓷球轴承的油膜压力分布，指出在高转速下陶瓷球轴承油膜压力低于钢制轴承，膜厚大于钢制轴承，轴承内圈、滚动体、中层油膜的温升小于钢质轴承，陶瓷轴承润滑性能更好，使用寿命更长。苏和等[55]对低温环境下脂润滑陶瓷轴承运转状态进行了研究，得到了润滑脂挥发情况的变化规律。张同钢等[56]等对水润滑动静压陶瓷轴承进行了弹流理论分析，得到了不同供水压力对润滑膜厚度与温度的影响趋势。该研究拓展了陶瓷轴承的润滑手段，为高转速下提升陶瓷轴承润滑效率提供了参考。

目前，国内外研究应用的陶瓷轴承主要包括混合陶瓷轴承、全陶瓷轴承、水基动静压陶瓷轴承、空气动静压陶瓷轴承及轴承滚道喷涂陶瓷轴承等。其中，全轴承转速与功率水平对比如图 1.3 所示。

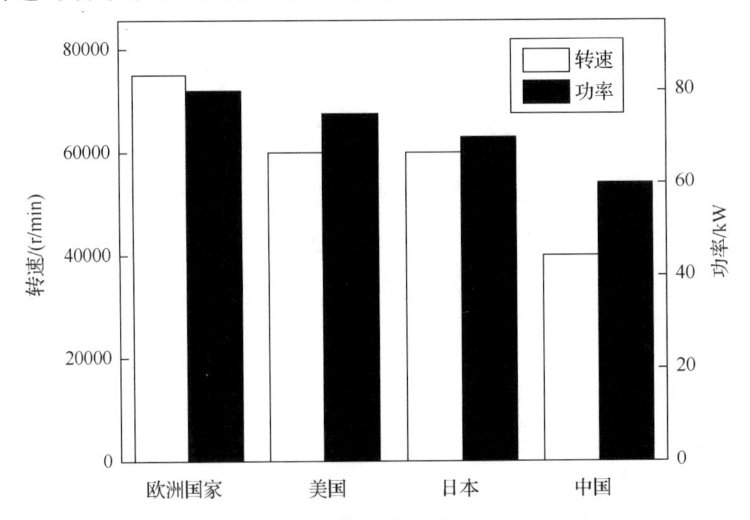

图 1.3　国内与国外全陶瓷轴承转速与功率发展水平对比

可以看出，虽然国内的全陶瓷轴承技术已经在快速发展，但是与欧洲国家、美国和日本的水平还有所差异，在功率方面相差较小，而在转速方面相差较大，这说明国内全陶瓷轴承研究在负载能力方面与上述发达水平相差不大，但高转速全陶瓷轴承仍是现阶段未解决的问题。目前，高端设备所用的全陶瓷轴承普遍由国外厂商提供，而国内厂商所生产的全陶瓷轴承由于精度较低只能满足中低端设备要求。与发达国家相比，我国全陶瓷轴承的研制技术明显不足，这主要是受到了相关理论和关键技术的制约，其中在高温、高转速、乏油等极端工况下振声特性研究不足是制约我国全陶瓷轴承发展的主要因素,限制了全陶瓷轴承在高端装备上的应用。

1.3.3 高速陶瓷轴承的发展与应用现状分析

通过对国内外研究人员的研究现状进行分析，可以得知，陶瓷轴承力学与化学性能稳定，能够用于高温、高速、强腐蚀等极端环境中。在实际应用中，全陶瓷轴承在中低速、轻载工况下运行状况理想，随着工作转速的不断提升，其服役性能虽然能保持稳定，但内部元件之间摩擦、撞击作用加剧，辐射噪声问题逐渐凸显。剧烈的辐射噪声对设备整体声学性能造成很大影响，阻碍设备工作转速进一步提高，长期演化还会降低设备精度，严重影响其工作性能[57-59]，限制了设备在许多高静音要求领域的应用。以航空、航天、航海、高速机床等设备驱动装置的高速电主轴为例，电主轴前后端均装有全陶瓷轴承，以保证在高速、高温、强磁环境下设备的正常运转。本研究分别采用钢制轴承、混合陶瓷轴承、全陶瓷轴承作为主轴前后端轴承，使用声级计对主轴辐射噪声进行测量。场点选取位置为距离主轴前后端 0.5m 处，测量时背景噪声小于 40dB，电主轴前后端辐射噪声声压级结果如图 1.4 所示。

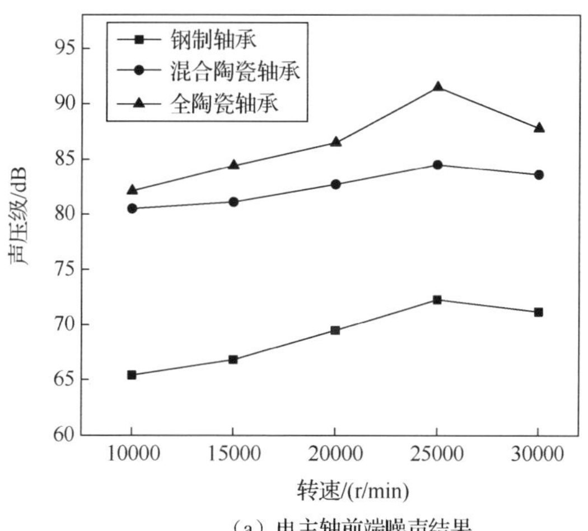

(a) 电主轴前端噪声结果

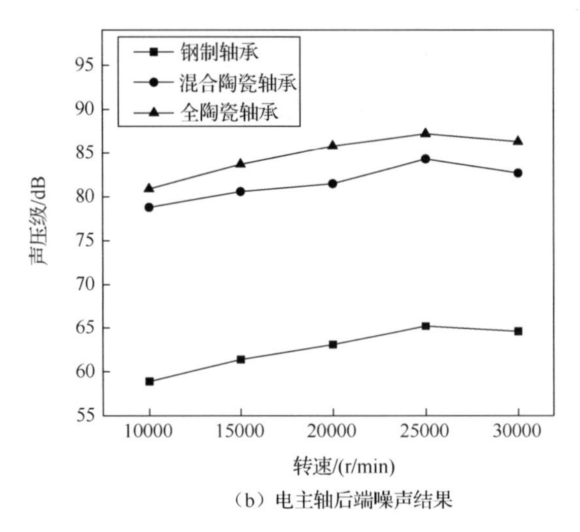

（b）电主轴后端噪声结果

图 1.4　电主轴采用不同轴承时辐射噪声结果

在电主轴辐射噪声中，轴承辐射噪声为主要成分，因此由图 1.4 可知，相同工况下全陶瓷轴承辐射噪声声压级相对同尺寸钢制轴承高 20~30dB。因此，如何针对全陶瓷轴承高速工况下振声特性进行研究，并提供改善措施已经成为相关领域亟待解决的问题。若这一问题无法解决，则辐射噪声会对设备声环境产生重大影响，阻碍全陶瓷轴承工作转速与工作精度的进一步提高，使一些高精尖行业中高转速、高精度、低噪声的要求变得难以实现。由此可见，尽管全陶瓷轴承性能优越，可作为高端装备核心基础部件，有诸多优秀的力学性能、化学性能，能满足极端工况下的工作需求，但对其辐射噪声较大这一不足仍要重视。针对全陶瓷轴承辐射噪声产生机理及变化规律进行研究，并得出其振声特性演化规律，对有效降低全陶瓷轴承辐射噪声、提高全陶瓷轴承综合服役性能具有很高的研究价值及深远的社会意义。

1.4　滚动轴承动态特性计算方法研究现状

滚动轴承运转过程中产生的辐射噪声主要来源于内部构件之间碰撞与摩擦产生的表面振动[60,61]，全陶瓷轴承属于滚动轴承，包含内圈、外圈、滚动体与保持架，目前针对全陶瓷轴承振声特性的研究主要参考传统钢制滚动轴承研究模型。

滚动轴承运转过程中，内部元件之间会产生相互挤压、碰撞与摩擦，通过建立滚动轴承动力学模型可对其动态特性进行求解。国内外学者通过模拟滚动轴承运转工况，在滚动轴承动力学领域做了大量的工作，主要研究方向为结构参数与工况参量对滚动轴承动态特性的影响，滚动体-套圈间打滑效应与摩擦、润滑、非线性油膜作用力等。其中，主轴系统应用最多的滚动轴承类型为角接触球轴承，针对角接触球轴承的理论研究也最多。在结构参数与工况参量的影响研究中，黄伟迪等[62,63]针对高速电主轴角接触球轴承高转速的特点，建立了角接触球轴承的准静态学模型，分析了角接触球轴承不同预紧力对电主轴临界转速的影响。Zhang 等[64]建立了角接触球轴承在不同预紧力作用下的刚度比较模型，对滚动轴承内圈在装配应力和离心应力作用下的弹性变形进行了计算，详细地讨论了内环过盈量、转速和径向载荷对滚动轴承特性和刚度的影响。研究表明，预载荷作用会使滚动轴承具有较好的刚度稳定性，转速对滚动轴承的动态特性和刚度有显著影响。Neisi 等[65]基于赫兹接触理论建立了滚动体带尺寸偏差时球轴承的接触模型，对滚动轴承部件之间刚度、阻尼和摩擦进行了研究，研究发现当滚动体出现尺寸偏差时，滚动体与套圈的接触刚度与局部变形随之改变，接触应力值不仅取决于非标准球的尺寸，还取决于它们的位置。Mao 等[66]通过建立准动力学模型研究了滚动轴承与轴承座之间间隙对动态特性的影响，得到了轴承载荷分布、润滑特性、疲劳寿命等随滚动轴承与轴承座间隙的变化趋势。Wang 等[67]考虑了滚动体和滚道表面粗糙度对球运动及亚表面应力的影响，建立了角接触球轴承动力学模型，考虑了粗糙度对表面摩擦系数及摩擦生热的影响，对滚动体和滚道具有不同粗糙度时角接触球轴承的动态特性进行了计算。研究表明，滚道表面粗糙度对角接触球轴承的运动状态和润滑性能有很大的影响，可以通过优化分析确定适宜的滚道表面粗糙度。

由于陶瓷材料表面摩擦系数小，因此滚动体在运转过程中不仅有公转，还有自转与陀螺运动，这意味着滚动体与套圈之间的接触不是纯滚动，而是滚动与滑动结合。随着润滑效果的提升，打滑效应趋于明显，滚动体与套圈之间的滑动摩擦会大幅度增加滚动轴承的表面振动，并产生巨大噪声。在这方面，Han 等[68,69]

提出的考虑打滑效应的滚动轴承非线性动力学模型精度较高，能够准确地模拟角接触球轴承动力学响应；Xu 等[70]对不同预紧力作用下轴承打滑效果进行了分析，对打滑临界条件进行了推导，从而得到了滚动轴承滚滑比随预紧力的变化趋势。Wang 等[71]提出了一种考虑滚动体与滚道、保持架和润滑剂相互作用的角接触球轴承滑动动力学模型，并采用四阶龙格-库塔方法对滚动轴承动力学微分方程进行了求解。结果表明，轴向载荷对滚动体打滑行为有显著影响，可以确定适当的轴向载荷，避免剧烈的滑动。

滚动轴承的润滑、油膜振荡等因素也对其动态特性有直接影响。西安交通大学曹宏瑞、陈雪峰教授团队采用离散单元法建立了 6 自由度滚动轴承动力学模型，综合考虑非线性油膜力、打滑效应等非线性因素对系统在不同外力激励下的动态响应进行了计算。研究指出，随着滚动轴承受力增加，动态响应中主要频域成分增多，动态特性非线性增强[72]。重庆大学陈小安教授科研团队以主轴-滚动轴承系统为研究对象，开展了一系列研究，对主轴-滚动轴承系统动刚度与动力学响应进行了准确模拟[73,74]。上海交通大学荆建平教授等基于连续介质模型，采用有限元法分析了转子-滚动轴承系统的非线性动力学行为，采用直接积分与模态叠加法对可能导致转子-滚动轴承系统失稳的油膜振荡及其分岔现象进行了研究[75]。研究表明，基于连续介质模型和离散单元法的滚动轴承动力学响应相差很大，需要分别对其进行研究。Zhang 等[76]考虑了非线性油膜力对保持架等内部元件动态特性的影响，建立了角接触球轴承非线性动力学模型，对滚动轴承系统内部元件动力学特性进行了细致研究，为滚动轴承振声特性计算奠定了基础。Zhou 等[77]基于转子-滚动轴承声振耦合理论，建立了基于变分原理的转子-滚动轴承系统非线性振动激励下的声振耦合模型，采用快速傅里叶变换和谐波平衡法，基于非线性激励求得了动态特性的解析解。研究发现，转子-滚动轴承系统的动态特性主要由转子的旋转频率决定，而在共振频率下，有一些谐波成分控制着滚动轴承动态特性。Liu 等[78]对乏油工况下的流体动力润滑特性进行了研究，指出由于润滑油膜具有一定的黏性与承载能力，润滑油的用量能够较大程度地影响滚动轴承-转子系统的临界转速。

通过对国内外学者关于滚动轴承振动特性计算方法研究现状的总结，可以看出对钢制滚动轴承而言，其动力学模型搭建已经趋于完善，滚动体和滚道表面粗糙度、滚道半径等结构参数与轴承转速、预紧力、载荷等工况参量对滚动轴承动态特性的影响情况已经得到了大量的研究，对于非线性油膜力、滚动体打滑等非线性因素也得到了广泛关注，但其模型多数基于钢制滚动轴承建立，对全陶瓷轴承适用性较差。

1.5 全陶瓷轴承与钢制轴承动态特性区别研究

全陶瓷轴承与钢制轴承区别主要在于材料方面，由陶瓷材料特性导致的全陶瓷轴承与钢制轴承动态特性的区别主要体现在以下几点。

（1）滚动体在制造过程中在公差范围内存在一定的尺寸差，同时运转过程中受轴向预紧力与径向载荷作用会产生变形。钢制轴承运转过程中滚动体变形量大于其球径差，因此在建模分析的过程中，可以不考虑滚动体球径差对其动态特性产生的影响，将各滚动体视为直径相同的球，在承载区间内为均匀承载。而对全陶瓷轴承而言，其材料刚度较大，滚动体受载变形量小于其球径差，滚动体与套圈接触近似于点接触，因此球径差对全陶瓷轴承动态特性的影响不可忽略。滚动体球径差会导致承载区间内不均匀承载，即球径较大的滚动体承载概率大，承载区域大，而球径较小的滚动体承载概率小，承载区域也小。将同时受内圈与外圈挤压的滚动体称为承载滚动体，而其余滚动体称为非承载滚动体，则球径差对全陶瓷轴承的影响在于改变承载滚动体的个数与分布情况，如图 1.5 所示。

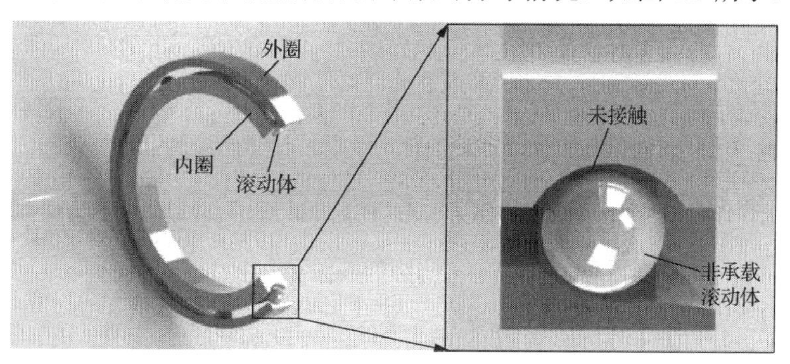

图 1.5　球径差对陶瓷滚动体承载情况的影响示意图

由于全陶瓷轴承套圈也采用陶瓷材料制成，刚度较大，假设陶瓷套圈在相邻承载滚动体接触区域之间无变形，则由变形协调条件可知，承载滚动体数量与均载情况相比明显减少，由于滚动体直径可视为公差范围内随机分布，因此全陶瓷轴承滚动体在运转过程中可视为非均匀间歇承载状态，即直径不同的滚动体承载区域不同，单个滚动体在承载区间内受球径差影响承载不连续。由于承载滚动体数量减少，承载滚动体与全陶瓷轴承套圈之间摩擦、挤压剧烈，而非承载滚动体受离心力影响仅在外圈滚道上做滚滑运动，不仅大大增加了运转过程中辐射噪声，还使各滚动体状态有不同程度退化，缩短了全陶瓷轴承的使用寿命，对其服役性能造成很大影响。因此，需要结合材料特性与运转工况对考虑滚动体球径差影响下全陶瓷轴承动态特性进行求解，获取其运转过程中产生的振动规律。

（2）陶瓷材料摩擦系数小，滚动体运转过程中打滑增多，与内外圈之间的滚滑比减小。由相对滑动产生的非线性振动成分增多，同时由于材料硬度较大，滚动体与套圈表面粗糙度对轴承动态特性影响明显，滚动体在经过凹凸不平的表面时产生上下跳动会直接影响内圈与外圈振动，改变滚动体与轴承套圈之间的接触状态，若表面粗糙度达到一定数值，滚动体会在内外圈之间来回反弹，对轴承的振动与噪声产生重大影响，同时还会削弱元件的冲击疲劳寿命，影响全陶瓷轴承的服役性能。

（3）滚动轴承的全生命周期经历了早期缺陷—中期缺陷—后期破坏的过程，早期缺陷在一定阈值内并不影响其使用，但会对滚动轴承状态演化产生影响。钢制轴承材料为塑性材料，早期缺陷形式为点蚀、磨损等，尺寸肉眼可见，缺陷逐渐扩展，达到一定尺寸后会导致轴承精度降低，如图 1.6 所示。

而全陶瓷轴承材料为脆性材料，制备方法与缺陷形式均与钢制轴承不同。陶瓷材料制备方法为热等静压烧结，在生产过程中，材料内部会不可避免地产生微米级裂纹，在运转过程中，裂纹会随着应力、温度的变化不断扩展，内外圈上的微裂纹扩展可能影响轴承径向刚度，滚动体上的微裂纹扩展可能引起材料剥落，早期裂纹尺寸是肉眼不可见的，一旦发展成可见尺寸，将迅速发展至轴承彻底破坏，如图 1.7 所示。因此全陶瓷轴承早期缺陷形式及故障特征与传统钢制轴承有较大差别。

(a) 内圈点蚀与磨损

(b) 外圈点蚀与磨损

图 1.6 钢制轴承塑性破坏形式

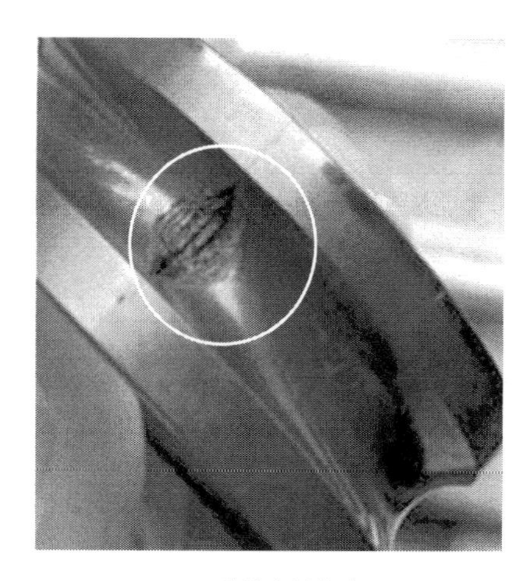
(a) 陶瓷套圈缺陷

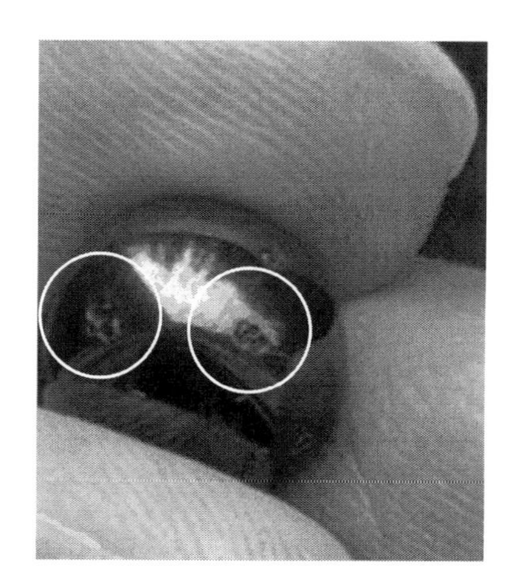
(b) 陶瓷滚动体缺陷

图 1.7 全陶瓷轴承缺陷形式

除此之外，全陶瓷轴承材料耐磨性好，保持架磨损明显，在工作进程中保持架磨损量会对全陶瓷轴承振声特性产生明显影响。在运转过程中，上述因素使得全陶瓷轴承构件之间呈现非线性接触机制，影响轴承运转刚度，破坏周向承载均匀性，使其动态特性中包含大量非线性成分，并随着转数升高非线性趋于明显，改善其动态特性难度极大。以全陶瓷轴承为研究对象进行动力学建模分析，得到其动态特性的变化规律，并进而对其结构参数与工况参量进行优化选取是提升轴承动态特性的主要手段。

1.6　滚动轴承辐射噪声计算与分析研究现状

在基于动力学模型的辐射噪声求解过程中，主要求解方法也分为解析法与数值法两类。解析法主要基于高斯函数与亥姆霍兹方程，具有计算简单、变参方便等优点，但计算精度较低，而数值法是基于声学有限元、边界元理论，计算精度高，但计算量大，计算效率低，在变参分析时较为不便。在辐射噪声计算工作中，全陶瓷轴承与钢制轴承区别仅为材料不同，两者都是振动产生噪声，噪声产生与传递原理相似，因此全陶瓷轴承辐射噪声计算可参考钢制滚动轴承辐射噪声计算。在这方面，Botha 等[79]采用计算流体力学（computational fluid dynamics, CFD）方法建立了声辐射模型，确定了系统噪声源的位置与噪声产生机理。在不同转速、不同负载条件下对滚动轴承的振声响应进行了仿真计算，并得到了滚动轴承辐射噪声的大致变化趋势。研究证明，CFD 方法的使用提高了噪声预测的准确性。张建水[80]根据声学理论，建立了结构参数与滚动轴承振动噪声关系的数学模型，分析了结构参数以及润滑阻尼对滚动轴承振动噪声的影响。讨论了结构参数（径向游隙、滚道曲率半径、钢球个数、钢球直径、轴承型号）及润滑阻尼对滚动轴承振动噪声的影响，得出了结构参数与振动噪声的关系。从滚动轴承的结构参数入手，以低振动、低噪声为目标对滚动轴承的结构参数进行了优化设计。Lu 等[81]提出了一种滚动轴承噪声角度重采样分析方法，对滚动轴承运行状态与辐射噪声信号映射关系进行研究。姚世卫等[82]从噪声产生机理角度对水润滑橡胶轴承振声特性进行了研究，指出水润滑橡胶轴承辐射噪声主要由摩擦产生的表面振动引发，并设计实验寻找噪声随相关因素变化规律，其研究手段合理且具有借鉴意义。涂文兵[83]综合考虑了非线性接触、变摩擦系数等非线性因素对滚动轴承振声特性的影响，对承载区打滑状态下滚动轴承噪声特征进行了研究。该研究细致深入地指出滚动体打滑在滚动轴承转速升高时发生频率更高，并提供了滚-滑运动同时发生时滚动体的动力学响应计算方法。Guo 等[84]从宏观角度出发，基于声-振耦合原理建立了齿轮箱中滚动轴承的声辐射模型，通过模拟振动噪声在齿轮箱系统中的传递路径得到了滚动轴承辐射噪声结果，该研究同样具有借鉴价值。Bai 等[85]提出了子声源分解理论，将滚动轴承分解为内圈、滚动体、保持架等子声源，并将各构件动力学响应等效为施加于子声源的表面激励，考虑运转过程中非线性因素的影响，对各子声源辐射特性进行计算。考虑各子声源辐射噪声之间相关性，得到滚动轴承总辐射噪声，该方法从机理角度对辐射噪声中不同频率成分进行了研究，该算法具有较高的计算精度。

通过对上述学者研究进展的分析，可以看到滚动轴承的辐射噪声数值解法已经比较完备，计算精度也能够达到要求，然而当滚动轴承结构参数及工况参量发生改变时，数值解法需要重新建模分析，计算时间较长，计算效率较低，而且难以形成目标函数与控制参数的连续映射关系，对滚动轴承辐射噪声削弱策略指导意义较小。因此，为了获取滚动轴承辐射噪声与结构参数及工况参量的映射关系，应分析法建立滚动轴承辐射噪声的数学模型。而现阶段对于滚动轴承的数学分析模型将滚动轴承作为整体声源研究，通过获取滚动轴承表面振动对辐射噪声分布情况进行求解。这种方法对于钢制轴承能够满足要求，但对内部噪声产生机理揭示不够，不能够通过辐射噪声计算得知工况改变时滚动轴承内部摩擦、撞击的变化趋势，因此需要一种能够揭示滚动轴承辐射噪声产生机理的数学模型，通过建模分析获取其内部构件相互作用情况。

1.7 全陶瓷轴承振声特性改善策略研究进展

目前，全陶瓷轴承高速运转状态下辐射噪声较大依然是一个难以解决的问题，对于这一问题，一般都是通过实验方法对全陶瓷轴承噪声分布进行探究。Bouaziz 等[86]研究了轴承弹性变形对轴承声学性能的影响，对流体动力和弹性流体动力润滑进行了分析，得到了流体动力润滑轴颈中心的轨道从扰动位置收敛到静平衡位置的速度快于弹性流体动力润滑这一结论。Guo 等[87]通过实验采集了滚动轴承运转状态下产生的振动与噪声信号，分析了当轴承材料剥落时振动噪声信号中存在的阶跃与双脉冲响应，并对轴承的剩余寿命进行了分析。周忆等[88]采用专业仿真软件分析了不同摩擦系数及结构参数条件下摩擦噪声产生的概率，进而研究结构参数对摩擦噪声的影响，进行了平板型和圆弧形结构的水润滑橡胶合金轴承摩擦噪声的对比实验。研究结果表明，轴承的摩擦面形状以及摩擦副的摩擦系数对轴承的摩擦噪声有较大影响。Delvecchio 等[89]以内燃机中转子-轴承系统为研究对象，使用振动和声音信号结合的监测和诊断技术，描述了影响燃烧、力学和空气动力学的各种故障条件。研究发现与振动信号相比，测量声信号更适合在车载监测系统上实施，并能够同时从多个部件上获取信息，该研究分析了振动研究与辐射噪声研究的不同点，从侧面证实了辐射噪声研究的必要性。

另外，部分学者从噪声控制角度对滚动轴承振声特性改善策略进行了研究，对陶瓷轴承噪声控制具有一定借鉴价值。其中比较有影响力的有河南科技大学的夏新涛教授与邓四二教授等，其研究团队针对滚动轴承的振动与噪声开展了一系列研究工作，提出基于谐波控制原理对滚动轴承噪声进行控制，并在实验中获得了一定效果[90,91]。张靖等[92]考虑轴承预紧力对轴承刚度的影响，建立了六挡变速器动力学模型，采用有限元仿真结合实验的研究方法，得到了轴承刚度对辐射噪声声压级的影响规律，并指出通过合理控制预紧力可抑制变速器啸叫噪声。

在现阶段对于噪声削弱策略的研究中，多数研究将固定场点处辐射噪声声压级作为目标函数，通过变参分析得到其变化规律，并对影响辐射噪声的结构参数与工况参量进行寻优。熊师等[93]针对船舶推进轴系振动对船体结构产生的辐射噪声问题，采用有限元及边界元方法分析不同轴承刚度下的轴系-船体耦合结构辐射声压及声功率，得出纵向振动时结构辐射噪声声功率与轴承刚度呈明显正相关关系，艉轴后轴承刚度变化对整体辐射噪声影响最大。Lee 等[94]将轴承噪声计算与故障预测及健康管理（prognostics and health management, PHM）领域相结合，以固定场点与声压级为研究目标，分析了轴承噪声计算对于设备运转状态识别的重要性。

然而，由于材料的特殊性，全陶瓷轴承的动态特性与声辐射规律比传统钢制轴承更为复杂，在高速运转工况下，由滚动体球径差、滚动体打滑、轴承套圈接触刚度改变等非线性因素导致的辐射噪声中非线性成分表现更为明显，辐射噪声声压级径向分布与周向分布趋于不规则。在这种情况下，只采用固定场点处声压级作为噪声评价指标显得说服力不足。传统研究方法不仅降噪效果较差，还可能由于轴承套圈滚道半径、轴向预紧力等参数调整影响到轴承刚度、运转精度等其他工作性能。因此，如何针对全陶瓷轴承辐射噪声分布特点，对其力学性能与声学性能进行优化，是全陶瓷轴承振声特性改善策略中的关键问题。

综上所述，国内外学者针对滚动轴承辐射噪声计算方法已经展开了大量研究，对全陶瓷轴承声学特性及辐射噪声削弱策略也进行了初步探索，以传统钢制滚动轴承为模型的研究成果可以为全陶瓷轴承的振声特性计算与分析提供参考[95,96]。但传统模型中将滚动轴承作为整体声源进行考虑，对内部构件间相互作用机理揭示不足[97,98]，尤其是对于全陶瓷轴承，在运转过程中承载滚动体位置会发生变化，滚动体与轴承套圈之间摩擦情况也会随之改变，因此其声源位置与声源特性是不固定的，采用整体式声源研究不能揭示辐射噪声产生原因与变化规律。另外，现阶段噪声信号分析手段较为单一，对应的辐射噪声削弱策略目标函数较少，研究手段不能充分识别包含强非线性的全陶瓷轴承辐射噪声信号中的特征信息，对全陶瓷轴承振声特性改善指导意义较小。因此，针对全陶瓷轴承运转工况细化辐射噪声模型，提升计算精度，并在此基础上对其辐射噪声削弱策略进行研究还有深入开展的必要。本书研究对象为应用于主轴系统中的全陶瓷轴承，主轴系统中轴承类型主要为角接触球轴承，因此，本书选取全陶瓷角接触球轴承为主要对象进行研究。

参 考 文 献

[1] 陆春荣，李以农，窦作成，等. 齿轮-转子-轴承系统弯扭耦合非线性振动特性研究[J]. 振动工程学报，2018, 31(2): 238-244.

[2] Abele E, Altinas Y, Brencher C. Machine tool spindle units[J]. CIRP Annals-Manufacturing Technology, 2010, 59(2): 781-802.

[3] Ritou M, Rabréaua C, Loch S L. Influence of spindle condition on the dynamic behavior[J]. CIRP Annals, 2018, 67(1): 419-422.

[4] 余永健，陈国定，李济顺，等. 轴承零件几何误差对圆柱滚子轴承回转误差的影响:第一部分 计算方法[J]. 机械工程学报, 2019, 55(1): 62-71.

[5] 查浩，任尊松，徐宁. 高速动车组轴箱轴承振动特性[J]. 机械工程学报, 2018, 54(16): 144-151.

[6] 刘静，吴昊，邵毅敏，等. 考虑内圈挡边表面波纹度的圆锥滚子轴承振动特征研究[J]. 机械工程学报, 2018, 54(8): 26-34.

[7] Engel T, Lechler A, Verl A. Sliding bearing with adjustable friction properties[J]. CIRP Annals, 2016, 65(1): 353-356.

[8] Zhang J H, Fang B, Hong J, et al. A general model for preload calculation and stiffness analysis for combined angular contact ball bearings[J]. Journal of Sound and Vibration, 2017, 411: 435-449.

[9] Wang L, Snidle R W, Gu L. Rolling contact silicon nitride bearing technology: a review of recent research[J]. Wear, 2000, 246(1-2): 159-173.

[10] Lee J, Kim D H, Lee C M. A study on the thermal characteristics and experiments of high-speed spindle for machine tools[J]. International Journal of Precision Engineering and Manufacturing, 2015, 16(2): 293-299.

[11] 李颂华. 高速陶瓷电主轴的设计与制造关键技术研究[D]. 大连: 大连理工大学, 2011.

[12] 王黎钦，贾虹霞，郑德志，等. 高可靠性陶瓷轴承技术研究进展[J]. 航空发动机, 2013, 39(2): 6-13.

[13] 文怀兴，孙建建，陈威. 氮化硅陶瓷轴承润滑技术的研究现状与发展趋势[J]. 材料导报 A: 综述篇, 2015, 29(9): 6-14.

[14] Azarhoushang B, Soltani B, Zahedi A. Laser-assisted grinding of silicon nitride by picosecond laser[J]. The International Journal of Advanced Manufacturing Technology, 2017, 93(5-8): 2517-2529.

[15] Kumar A, Ghosh S, Aravindan S. Grinding performance improvement of silicon nitride ceramics by utilizing nanofluids[J]. Ceramics International, 2017, 43(16): 13411-13421.

[16] Stojadinovic S, Tanovic L, Savicevic S. Micro-cutting mechanisms in silicon nitride ceramics Silinit R grinding[J]. Journal of the Chinese Society of Mechanical Engineers, 2015, 36(4): 291-297.

[17] Ahmad K, Pan W. Microstructure-toughening relation in alumina based multiwall carbon nanotube ceramic composites[J]. Journal of the European Ceramic Society, 2015, 35(2): 663-671.

[18] 万林林，刘志坚，邓朝晖，等. 单颗磨粒切削氮化硅陶瓷表面残留高度研究[J]. 兵器材料科学与工程, 2017, 40(2): 1-7.

[19] 朱宝义，吕明，梁国星，等. 单晶硅高速磨削亚表层损伤机制的分子动力学仿真研究[J]. 摩擦学学报, 2017, 37(6): 845-853.

[20] Liu Y, Li B, Wu C, et al. Smoothed particle hydrodynamics simulation and experimental analysis of SiC ceramic grinding mechanism[J]. Ceramics International, 2018, 44(11): 12194-12203.

[21] Tan Y, Zhang C, Jiang S, et al. Simulation of ceramic grinding mechanism based on discrete element method [J]. International Journal of Computational Methods, 2018, 15(3): 184-195.

[22] Li C, Zhang F, Meng B, et al. Material removal mechanism and grinding force modelling of ultrasonic vibration assisted grinding for SiC ceramics[J]. Ceramics International, 2017, 43(3): 2981-2993.

[23] Jiang M, Komanduri R. Chemical mechanical polishing (CMP) in magnetic float polishing (MFP) of advanced ceramic (silicon nitride) and glass (silicon dioxide)[J]. Key Engineering Materials, 2001, 202-203: 1-14.

[24] Ranjan P, Balasubramaniam R, Jain V K. Analysis of magnetorheological fluid behavior in chemo-mechanical magnetorheological finishing (CMMRF)process[J]. Precision Engineering, 2017, 49: 122-135.

[25] Stolarski T A, Jisheng E, Gawne D T, et al. The effect of load and abrasive particle size on the material removal rate of silicon nitride ceramics[J]. Ceramics International,1995, 21(5): 355-366.

[26] Kang J, Hadfield M. Examination of the material removal mechanisms during the lapping process of advanced ceramic rolling elements[J]. Wear, 2005, 258(1): 2-12.

[27] Jha S, Jain V K, Komanduri R. Effect of extrusion pressure and number of finishing cycles on surface roughness in magnetorheological abrasive flow finishing (MRAFF) process[J]. International Journal of Advanced Manufacturing Technology, 2007, 33(7-8): 725-729.

[28] Umehara N, Kato K. Magnetic fluid grinding of advanced ceramic balls[J]. Wear, 1996, 200(1-2): 148-153.

[29] Childs T H C, Jones D A, Mahmood S, et al. Magnetic fluid grinding mechanics[J]. Wear, 1994, 175(1-2):189-198.

[30] Zhang B, Nakajima A. Spherical surface generation mechanism in the grinding of balls for ultraprecision ball bearings[J]. Proceedings of the Institution of Mechanical Engineers, Part I: Journal of Engineering Tribology, 2000, 214(4): 351-357.

[31] 朱晨. 两种钢球研磨方式的力学分析[J]. 轴承, 2000(9): 11-13,40.

[32] Lee R T, Hwang Y C, Chiou Y C. Lapping of ultra-precision ball surfaces. Part II. Eccentric v-groove lapping system[J]. International Journal of Machine Tools and Manufacture, 2006, 46(10): 1157-1169.

[33] 郁炜, 吕冰海, 袁巨龙. 精密陶瓷球体研磨过程中材料去除模型的研究[J]. 华中科技大学学报(自然科学版), 2014, 42(2): 74-76,90.

[34] 刘国仓, 王辉, 王静静. 一种新型轴承套圈车削内夹式浮动夹具[J]. 轴承, 2018(5): 19-21.

[35] 林晓辉, 王振忠, 郭隐彪, 等. 光学非球面磨削中的圆弧砂轮修整误差分析[J]. 兵工学报, 2013, 34(1): 60-65.

[36] 张贝, 傅玉灿, 苏宏华. 单层钎焊金刚石砂轮的修整实验研究[J]. 中国机械工程, 2014, 25(13): 1778-1783.

[37] 刘月明, 李建勇, 沈海阔, 等. 单点修整工具磨损对砂轮磨削表面的影响[J]. 摩擦学学报, 2014, 34(5): 497-503.

[38] 张晶霞, 汪燮民. 深沟球轴承沟道超精方法分析[J]. 轴承, 2011(2): 12-14.

[39] Li X, Yu K, Ma H, et al. Analysis of varying contact angles and load distributions in defective angular contact ball bearing[J]. Engineering Failure Analysis, 2018, 91: 449-464.

[40] 张丽秀, 阎铭, 吴玉厚, 等. 150MD24Z7.5 高速电主轴多场耦合模型与动态性能预测[J]. 振动与冲击, 2016, 35(1): 59-65.

[41] Weck M, Koch A. Spindle-bearing systems for high-speed applications in machine tools[J]. Annals of the CIRP, 1993, 42(1): 445-448.

[42] Chiu Y P, Pearson P K, Dezzani M, et al. Fatigue lire and performance testing of hybrid ceramic ball bearing[J]. ASME, Lubrication Engineering, 1996, 52(3):198-204.

[43] Namba Y, Wanda R, Unno K, et al. Ultra-precision surface grinder having a glass-ceramic spindle of zero-thermal expansion[J]. Annals of the CIRP, 1989, 8(1): 331-334.

[44] 王春光. 国外超精密机床的发展[J]. 机床, 1991(7): 1-11.

[45] Wock M, Spachtholz G. 3 and 4 contact point spindle bearings—a new approach for high speed spindle systems[J]. Annals of the CIRP, 2003, 52(1): 311-316.

[46] 周威廉. 氮化硅陶瓷轴承[J]. 机械工程材料, 1981(6): 77.
[47] 金洙吉, 张锡水, 齐毓霖, 等. 混合式陶瓷轴承的研制及其台架试验研究Ⅱ. 滚珠轴承的运行和润滑试验[J]. 摩擦学学报, 1995(3): 230-235.
[48] 金洙吉, 张锡水, 齐毓霖, 等. 混合式陶瓷轴承的研制及其台架试验研究Ⅰ. 制备陶瓷球最佳工艺参数的选择[J]. 摩擦学学报, 1995(2): 126-132.
[49] 王黎钦, 齐毓霖, 姜洪源, 等. 混合式陶瓷球轴承在液氮中的摩擦学性能研究[J]. 摩擦学学报, 1999(2): 27-30.
[50] 王黎钦, 崔立, 郑德志, 等. 航空发动机高速球轴承动态特性分析[J]. 航空学报, 2007, 28(6): 1461-1467.
[51] 吴玉厚, 王军, 郑焕文,等. 陶瓷球轴承的制造工艺及其相关技术[J]. 制造技术与机床, 1996(11): 3,8-10.
[52] 李颂华, 吴玉厚. 高速无内圈式陶瓷电主轴设计开发与实验研究[J]. 大连理工大学学报, 2013, 53(2): 214-220.
[53] 张珂, 佟俊, 吴玉厚, 等. 陶瓷轴承电主轴的模态分析及其动态性能实验[J]. 沈阳建筑大学学报(自然科学版), 2008, 24(3): 490-493.
[54] 黄海, 刘晓玲. 陶瓷球轴承的热弹流润滑分析[J]. 润滑与密封, 2012, 37(6): 46-51.
[55] 苏和, 董欣勃, 魏操兵, 等. 脂润滑混合陶瓷轴承在冷压缩机中的应用分析[J]. 低温与超导, 2019, 47(2): 1-7,32.
[56] 张同钢, 王优强, 徐彩红, 等. 水润滑动静压陶瓷轴承的热弹流润滑分析[J]. 机械传动, 2017, 41(10): 17-22.
[57] Wang Y L, Wang W Z, Zhao Z Q. Effect of race conformities in angular contact ball bearing[J]. Tribology International, 2016, 104: 109-120.
[58] Kim S W, Kang K, Yoon K, et al. Design optimization of an angular contact ball bearing for the main shaft of a grinder[J]. Mechanism and Machine Theory, 2016, 104: 287-302.
[59] 王恒, 周易文, 季云, 等. 结合狄利克雷过程和连续隐马尔科夫模型的滚动轴承性能退化评估[J]. 吉林大学学报(工学版), 2019, 49(1): 117-123.
[60] Bourdon A, Chesne S, Andre H, et al. Reconstruction of angular speed variations in the angular domain to diagnose and quantify taper roller bearing outer race fault[J]. Mechanical Systems and Signal Processing, 2019, 120: 1-15.
[61] 冯吉路, 孙志礼, 李皓川, 等. 基于Kriging模型的轴承结构参数优化设计方法[J]. 航空动力学报, 2017, 32(3): 723-729.
[62] 黄伟迪, 甘春标, 杨世锡, 等. 高速电主轴角接触球轴承刚度及其对电主轴临界转速的影响分析[J]. 振动与冲击, 2017, 36(10): 19-25.
[63] 黄伟迪. 高速电主轴动力学建模及振动特性研究[D]. 杭州: 浙江大学, 2018.
[64] Zhang J H, Fang B, Zhu Y S, et al. A comparative study and stiffness analysis of angular contact ball bearings under different preload mechanisms[J]. Mechanism and Machine Theory, 2017, 115: 1-17.
[65] Neisi N, Sikanen E, Heikkinen J E, et al. Effect of off-sized balls on contact stresses in a touchdown bearing[J]. Tribology International, 2018, 120: 340-349.

[66] Mao Y Z, Wang L Q, Zhang C. Influence of ring deformation on the dynamic characteristics of a roller bearing in clearance fit with housing[J]. International Journal of Mechanical Sciences, 2018, 138-139: 122-130.

[67] Wang Y L, Wang W Z, Zhang S G, et al. Effects of raceway surface roughness in an angular contact ball bearing[J]. Mechanism and Machine Theory, 2018, 121:198-212.

[68] Han Q K, Chu F L. Nonlinear dynamic model for skidding behavior of angular contact ball bearings[J]. Journal of Sound and Vibration, 2015, 354: 219-235.

[69] Han Q K, Li X L, Chu F L. Skidding behavior of cylindrical roller bearings under time-variable load conditions[J]. International Journal of Mechanical Sciences, 2018, 135: 203-214.

[70] Xu T, Xu G H, Zhang Q, et al. A preload analytical method for ball bearings utilising bearing skidding criterion[J]. Tribology International, 2013, 67: 44-50.

[71] Wang Y L, Wang W Z, Zhang S G, et al. Investigation of skidding in angular contact ball bearings under high speed[J]. Tribology International, 2015, 92: 404-417.

[72] Xi S T, Cao H R, Chen X F. Dynamic modeling of spindle bearing system and vibration response investigation[J]. Mechanical Systems and Signal Processing, 2019, 114: 486-511.

[73] 陈小安，刘俊峰，陈宏，等. 计及套圈变形的电主轴角接触球轴承动刚度分析[J]. 振动与冲击，2013, 32(2): 81-85.

[74] 刘俊峰，陈小安. 基于耦合模型的高速电主轴动态分析与优化[J]. 机械工程学报, 2014, 50(11): 93-100.

[75] Jing J P, Meng G, Sun Y, et al. On the non-linear dynamic behavior of a rotor-bearing system[J]. Journal of Sound and Vibration, 2004, 274(3-5): 1031-1044.

[76] Zhang W H, Deng S E, Chen G D, et al. Impact of lubricant traction coefficient on cage's dynamic characteristics in high-speed angular contact ball bearing[J]. Chinese Journal of Aeronautics, 2017, 30(2): 827-835.

[77] Zhou Q Z, Wang D S. Vibro-acoustic coupling dynamics of a finite cylindrical shell under a rotor-bearing-foundation system's nonlinear vibration excitation[J]. Journal of Sound and Vibration, 2015, 347: 150-168.

[78] Liu C L, Guo F, Wong P L. Characterisation of starved hydrodynamic lubricating films[J]. Tribology International, 2019, 131: 694-701.

[79] Botha J D M, Shahroki A, Rice H. An implementation of an aeroacoustic prediction model for broadband noise from a vertical axis wind turbine using a CFD informed methodology[J]. Journal of Sound and Vibration, 2017, 410: 389-415.

[80] 张建水. 结构参数对轴承振动噪声的影响[D]. 太原：太原科技大学, 2013.

[81] Lu S L, Wang X X, He Q B, et al. Fault diagnosis of motor bearing with speed fluctuation via angular resampling of transient sound signals[J]. Journal of Sound and Vibration, 2016, 385: 16-32.

[82] 姚世卫，杨俊，张雪冰，等. 水润滑橡胶轴承振动噪声机理分析与试验研究[J]. 振动与冲击，2011, 30(2): 214-216.

[83] 涂文兵. 滚动轴承打滑动力学模型及振动噪声特征研究[D]. 重庆：重庆大学, 2012.

[84] Guo Y, Eritenel T, Ericson T M, et al. Vibro-acoustic propagation of gear dynamics in a gear-bearing-housing system[J]. Journal of Sound and Vibration, 2014, 333(22): 5762-5785.

[85] Bai X T, Wu Y H, Zhang K, et al. Radiation noise of the bearing applied to the ceramic motorized spindle based on the sub-source decomposition method[J]. Journal of Sound and Vibration, 2017, 410: 35-48.

[86] Bouaziz S, Fakhfakh T, Haddar M. Acoustic analysis of hydrodynamic and elasto-hydrodynamic oil lubricated journal bearings[J]. Journal of Hydrodynamics, Ser.B, 2012, 24(2): 250-256.

[87] Guo Y, Sun S B, Wu X, et al. Experimental investigation on double-impulse phenomenon of hybrid ceramic ball bearing with outer race spall[J]. Mechanical Systems and Signal Processing, 2018, 113: 189-198.

[88] 周忆, 廖静, 李剑波, 等. 结构参数对水润滑橡胶合金轴承摩擦噪声的影响分析[J]. 重庆大学学报, 2015, 38(3): 15-20.

[89] Delvecchio S, Bonfiglio P, Pompoli F. Vibro-acoustic condition monitoring of Internal Combustion Engines: a critical review of existing techniques[J]. Mechanical Systems and Signal Processing, 2018, 99: 661-683.

[90] 夏新涛, 颉谭成, 邓四二, 等. 滚动轴承噪声的谐波控制原理[J]. 声学学报, 2003(3): 255-261.

[91] 夏新涛, 王中宇, 孙立明, 等. 滚动轴承振动与噪声关系的灰色研究[J]. 航空动力学报, 2004(3): 424-428.

[92] 张靖, 陈兵奎, 吴长鸿, 等. 圆锥滚子轴承预紧力对变速器啸叫噪声的影响分析[J]. 中国机械工程, 2013, 24(11): 1453-1458.

[93] 熊师, 周瑞平. 轴承刚度对船体辐射噪声的影响[J]. 船海工程, 2017, 46(6): 86-89,93.

[94] Lee J, Wu F, Zhao W, et al. Prognostics and health management design for rotary machinery systems—reviews, methodology and applications[J]. Mechanical Systems and Signal Processing, 2014, 42(1-2): 314-334.

[95] Mohanty S, Gupta K K, Raju K S. Hurst based vibro-acoustic feature extraction of bearing using EMD and VMD[J]. Measurement, 2018, 117: 200-220.

[96] Hemmati F, Orfali W, Gadala M S. Roller bearing acoustic signature extraction by wavelet packet transform, applications in fault detection and size estimation[J]. Applied Acoustics, 2016, 104: 101-118.

[97] 常斌全, 剡昌锋, 苑浩, 等. 多事件激励的滚动轴承动力学建模[J]. 振动与冲击, 2018, 37(17): 16-24.

[98] 刘静, 邵毅敏, 秦晓猛, 等. 基于非理想 Hertz 线接触特性的圆柱滚子轴承局部故障动力学建模[J]. 机械工程学报, 2014, 50(1): 91-97.

2 全陶瓷轴承动力学模型建立

2.1 常用滚动轴承动力学建模方法

全陶瓷轴承振动特性求解方式大多参考传统钢制轴承，计算方法主要可分为集中参数法、准静态法、准动态法、动力学模型法与有限元法，其中集中参数法、准静态法、准动态法与动力学模型法为分析计算方法，而有限元法属于数值计算方法。相比而言，分析计算方法的优势在于计算效率高、利于变参分析，而数值计算方法的优势在于计算精度高、云图效果直观[1,2]。

2.1.1 集中参数法

集中参数法的建模思想是将轴承各构件设为质量集中、无变形的元件，且只考虑轴承各构件的平移运动。集中参数法各构件接触模型如图 2.1 所示，图中保持架未画出。其中，$\{O; X, Y\}$为以外圈中心为原点建立的参考坐标系；m_{i} 为内圈质量；m_{b} 为滚动体质量；m_{h} 为轴承座质量；k_{ir} 为滚动体与内圈接触刚度；k_{or} 为滚动体与外圈接触刚度；$k_{\mathrm{o}X}$, $k_{\mathrm{o}Y}$ 为外圈沿 X，Y 两方向刚度；$k_{\mathrm{h}X}$, $k_{\mathrm{h}Y}$ 为轴承座沿 X,Y 方向刚度；c_{ir} , c_{or} , $c_{\mathrm{o}X}$, $c_{\mathrm{o}Y}$, $c_{\mathrm{h}X}$, $c_{\mathrm{h}Y}$ 分别为对应阻尼。集中参数法建模的主要理论基础为牛顿第二定律与拉格朗日方程：

$$\frac{\mathrm{d}}{\mathrm{d}t}\left(\frac{\partial T}{\partial \dot{q}_i}\right)-\frac{\partial T}{\partial q_i}+\frac{\partial U}{\partial q_i}+\frac{\partial D}{\partial \dot{q}_i}=Q_i \tag{2.1}$$

式中，T 为系统动能；U 为系统势能；t 为时间；q_i 为广义坐标；$\dot{q}_i$ 为广义坐标系下的速度；D 为系统能量散逸函数；Q_i 为广义外力。D 和 Q_i 可表示为

$$D = \frac{1}{2}\sum_{j=1}^{N_j}(c_{Xj}\dot{X}_j^2 + c_{Yj}\dot{Y}_j^2 + c_{Zj}\dot{Z}_j^2) \tag{2.2}$$

$$Q_i = \int_s (F_X \frac{\partial X}{\partial q_i} + F_Y \frac{\partial Y}{\partial q_i} + F_Z \frac{\partial Z}{\partial q_i})\mathrm{d}s \tag{2.3}$$

式中，N_j 为建立方程的质点个数；c_{Xj}, c_{Yj}, c_{Zj} 分别为质点 j 在 X,Y,Z 方向的阻尼；$\dot{X}_j, \dot{Y}_j, \dot{Z}_j$ 分别为质点 j 沿 X,Y,Z 方向的速度；s 为外力作用表面；F_X, F_Y, F_Z 分别为外力沿 X,Y,Z 方向的分量。集中参数法建模一般根据是否考虑滚动体独立运动而分为两类：第一类模型中，依据拉格朗日方程对每个滚动体运行状态进行求解，可以得到轴承表面缺陷、表面波纹度对轴承动态特性的影响情况[3,4]；第二类模型中，轴承套圈受力为所有滚动体与套圈接触力之和。时变的转子-轴承接触力便于对系统分岔、谐波共振、保持架涡动、混沌、碰摩等非线性动力学行为进行研究[5-7]。

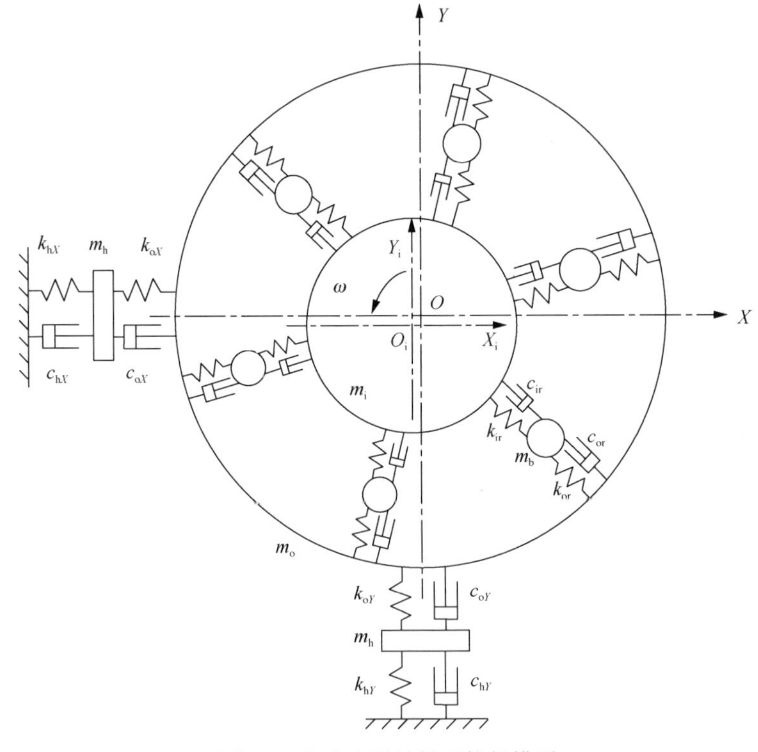

图 2.1　集中参数法轴承接触模型

2.1.2 准静态法

准静态法是通过对各滚动体与轴承套圈列出力与力矩平衡方程，来实现各构件动态特性的求解。力与力矩平衡方程可表示为

$$\sum F_x = \sum F_y = 0 \tag{2.4}$$

$$\sum M = 0 \tag{2.5}$$

式中，F_x, F_y 表示受力沿与轴线垂直的平面内两坐标轴的分量；M 为转矩。轴承在垂直于轴线的平面内的受力情况与转矩及构件位移有关，并可使用迭代法进行求解。由于在高转速下，滚动体转动对轴承套圈的影响不可忽略，因此采用集中参数法计算结果不准确，采用准静态法能够很好地解决这一问题。准静态法对滚动体的研究理论主要来源于 1960 年 Jones[8]建立的模型，如图 2.2 所示。

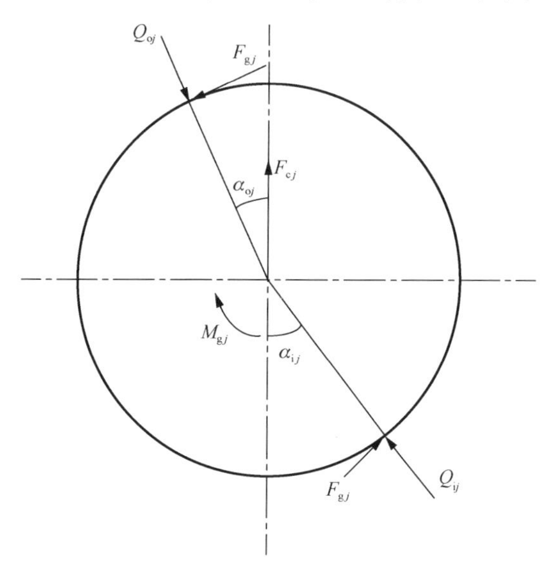

图 2.2 准静态学滚动体受力模型

图 2.2 中，Q_{ij}, Q_{oj} 分别表示内圈与外圈施加给滚动体 j 的压力；α_{ij}, α_{oj} 为滚动体与内外圈的接触角；F_{cj} 为滚动体所受离心力；M_{gj} 为滚动体自转转矩；F_{gj} 为摩擦力。根据滚动体受力与力矩平衡方程，有

$$Q_{oj} \sin\alpha_{oj} - Q_{ij} \sin\alpha_{ij} + F_{gj}\left(\lambda_{ij} \cos\alpha_{ij} - \lambda_{oj} \cos\alpha_{oj}\right) = 0 \tag{2.6}$$

$$Q_{ij}\cos\alpha_{ij}-Q_{oj}\cos\alpha_{oj}+F_{gj}\left(\lambda_{ij}\sin\alpha_{ij}-\lambda_{oj}\cos\alpha_{oj}\right)=0 \tag{2.7}$$

$$F_{gj}\cdot D=M_{gj} \tag{2.8}$$

式中，$\lambda_{ij},\lambda_{oj}$分别为内圈与外圈控制参数。可以看出，准静态学模型考虑了轴承自转时产生的摩擦力与摩擦力矩对轴承受力的影响，并将其列入受力平衡方程中，使模型能够适用于高速工况。在准静态法模型中，通常采用滚道控制假设，即假设滚动体在滚道上运行方式为纯滚动，而没有滑动，这样滚动产生的摩擦力就可以用力矩平衡方程来求得。由于轴承刚度的表达式可以明确获得，准静态模型已被广泛应用于研究滚动轴承的机械性能[9-11]。通过结合转子和轴承的刚度矩阵，即可得到系统的整体刚度，并获取转子-轴承系统的机械性能[12]。目前，准静态学的主要研究方向为滚道控制理论的改进[13,14]。除球轴承外，圆柱滚子轴承与圆锥滚子轴承的准静态学模型也已经被开发出来[15]。研究表明，准静态学法可以满足高速工况下的滚动轴承振动计算需求，是轴承动态特性求解中的重要方法。

2.1.3 准动态法

从物理模型上来看，准动态法与准静态法区别不大，这两种方法的差别在于计算思路。准静态法的计算思路为解方程求静态解，而准动态法的思路为迭代法，通过下列公式求解：

$$\begin{cases}\sum F=0\\ \sum M=J\cdot\dfrac{\mathrm{d}\omega}{\mathrm{d}t}\end{cases} \tag{2.9}$$

式中，$\sum F$与$\sum M$分别为相应构件所受的合力与合力矩；J为滚动体转动惯量；ω为滚动体角速度。准动态法的特点主要体现在需要确定求解时间历程，将时间历程离散为多个时间步长，然后根据t时刻点运动状态求解t+1时刻点运动状态，最后将不同时刻的离散点采用圆滑曲线连接，详细求解步骤如图2.3所示。

与准静态法相比，准动态法能够处理当转动与受力呈现时变特性时元件的动态性能问题。因此，准动态法被广泛用于解决保持架涡动、滚动体打滑、保持架冲击等非线性动态特性问题[16-19]。在求解过程中，静力平衡方程作为滚动体的运动约束，并假定作用于滚动体的动荷载小于静态受力。由于准动态法求解过程中需要大量迭代工作，因此与集中参数法与准静态法相比求解时间较慢，求解效率较低。在求解过程中，为简化计算过程常常将方程中非线性因素进行线性化处理。对球轴承而言，滚动体在实际旋转过程中所做的运动为滚动、滑动与陀螺运动结合，因此确定合适的滚滑比与滚动体-套圈摩擦系数对求解过程至关重要。在这点上，由于准动态法可以考虑滚动体的时变打滑效应，因此求解高速工况下滚动体动态特性精度较高[20]。

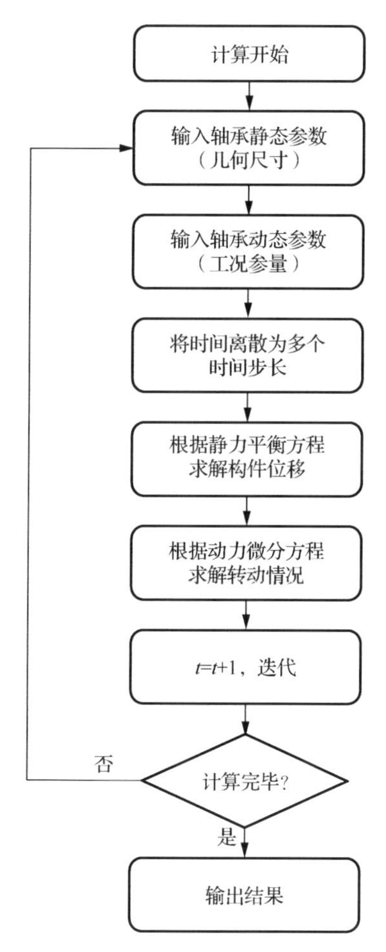

图 2.3　准动态法求解流程

2.1.4　动力学模型法

动力学模型法的实质是对受力与转矩时变情况进行更全面的考虑，属于准动

态法的延伸。在动力学模型中，不考虑静态约束，所有的平动与转动均使用动力学方程来描述，即

$$\begin{cases}\sum F = m\cdot\dfrac{\mathrm{d}^2x}{\mathrm{d}t^2}\\ \sum M = J\cdot\dfrac{\mathrm{d}\omega}{\mathrm{d}t}\end{cases} \tag{2.10}$$

式中，$\sum F$ 与 $\sum M$ 为合力与合力矩；m 为滚动体质量；J 为滚动体转动惯量；x 为滚动体平动位移；ω为轴承转速。最早的具有代表性的滚动轴承动力学模型由 Gupta[21,22]于 1979 年提出，在模型中，主要研究了滚动体与内圈外滚道、外圈内滚道以及保持架之间的相互作用。为了不失一般性，对于每个处于接触对中的元件都列出了 6 自由度动力学微分方程。以动力学模型为基础，可以对轴承局部出现缺陷时相应响应进行研究，并可以对保持架发生涡动时产生的振动与热进行分析。

由于保持架采用的材料为轴承中密度最小、刚度最小的，因此保持架是滚动轴承运转过程中较容易出问题的元件之一[23,24]。现阶段对于保持架不平衡、磨损、涡动、跳动等非线性因素的影响情况的分析大多基于动力学模型进行。在动力学模型中，保持架作为刚体存在，在接触区域施加弹性变形，然而在这种假设下，保持架的冲击计算结果可能会偏大，因此在计算保持架运动时一般使用有限元法或离散元法进行修正[25-27]。此外，在集中参数法、准静态法、准动态法计算过程中，轴承构件接触产生的弹性变形一般通过赫兹接触理论进行求解，而对于非赫兹接触情况，例如辊的倾斜情况，一般使用离散元与椭圆积分法对动力学模型进行修正[28-31]。对于油膜振荡、乏油与裕油状态下滚动体与套圈之间非均匀接触情况，也一般采用动力学模型进行求解[32-34]。

2.1.5　有限元法

有限元法是一种以迭代为主要思想，采用数值方法对振动进行求解的方法，目前主要用来研究正常与带有局部故障的轴承动态特性与剩余寿命。由于有限元法比较适宜求解连续体无限自由度问题，因此在求解如保持架柔度、轴承座时变

刚度、轴承接触寿命、残余应力、非赫兹接触、微动磨损、温度分布等问题方面得到了大量应用[35,36]。有限元法可采用 Hypermesh、Icem、Abaqus 等软件进行网格划分，再进入 Ls-dyna、Ansys、Comsol、Patran 等结构有限元软件进行受力分析与响应计算。由于有限元法无法准确模拟复杂的润滑表面边界条件与黏弹性效应，因此在计算过程中只能采用改变表面摩擦系数来对润滑条件发生改变时接触对之间的作用力改变进行近似。有限元法的优点在于计算准确，但其计算量较大，尤其是对于高速运转或者尺寸较大的轴承，计算效率较低，因此有限元法常用于低速、重载、尺寸不大、精度要求高的计算场合，且常与其他方法相结合，即只在重点研究区域附近采用有限元法，对于其他要求不高的位置采用计算速度较快的方法，从而提高计算效率[37,38]。

2.2 滚动体与内圈之间接触模型建立

在运转过程中，全陶瓷轴承内部元件之间会发生挤压、摩擦、撞击等作用，对其动态特性影响较大。全陶瓷轴承运转情况与传统钢制轴承有较多相似之处，其动力学模型也可以在传统钢制轴承动力学模型基础上推导得到。在本节中，轴承外圈固定，视为刚体，内圈旋转，滚动体由内圈带动旋转，并带动保持架运动。假定各元件的质心与形心重合，则各元件之间的运动情况可通过多坐标系表示，如图 2.4 所示。

图 2.4 中，惯性坐标系$\{O;X,Y,Z\}$为固定坐标系，OX 轴与轴承轴线重合，OY 轴与 OZ 轴为径向；内圈坐标系$\{O_i;X_i,Y_i,Z_i\}$用于表示内圈动力学响应，O_i 与内圈形心重合，O_iX_i 轴与内圈轴线重合，O_iY_i 轴与 O_iZ_i 轴为内圈径向；类似地，保持架坐标系$\{O_c;X_c,Y_c,Z_c\}$与滚动体坐标系$\{O_{bj};X_{bj},Y_{bj},Z_{bj}\}$分别表示保持架与第 j 个滚动体动态特性，O_c 与 O_{bj} 分别与保持架和滚动体中心重合，O_cX_c 轴和 $O_{bj}X_{bj}$ 轴平行于轴承轴线，其余为径向坐标轴，O_cZ_c 轴与 OO_c 共线，$O_{bj}Z_{bj}$ 轴与 O_iO_{bj} 共线，O_cY_c 轴与 $O_{bj}Y_{bj}$ 轴分别满足直角坐标系右手定则。除惯性坐标系之外，其余坐标系均随相应构件运转而移动，全陶瓷轴承各构件之间的相

互作用可通过多坐标系下的动力学微分方程表示。

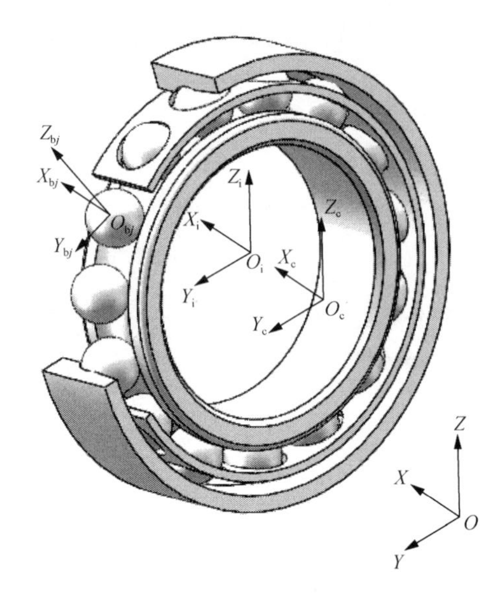

图 2.4　多坐标系下全陶瓷轴承接触模型

首先考虑滚动体与轴承内圈之间接触，在本节中，全陶瓷轴承为竖直放置，即轴承轴线在水平面内。内圈只与滚动体接触，如图 2.5 所示。

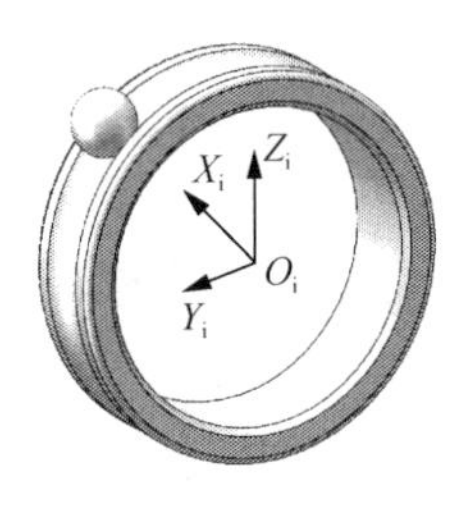

图 2.5　内圈与滚动体接触情况

滚动体与内圈、外圈、保持架、润滑油接触，其运转情况可分解为绕 O_iX_i 轴的公转运动，绕 $O_{bj}X_{bj}$ 轴的自转运动与绕 $O_{bj}Y_{bj}$ 轴的陀螺运动。同时由于轴承游隙的存在，内圈运转过程中普遍存在偏心，当 O_i 与 O_{bj} 同时位于 OY 轴下方时，滚动体与内圈之间作用力较大。此时在 $X_iO_iZ_i$ 与 $Y_iO_iZ_i$ 平面内滚动体与内圈之间接触模型如图 2.6 所示。

图 2.6 中，内圈滚道截面形状为纯圆弧形，O_{ir} 为内圈滚道截面圆心，外

圈滚道截面形状为圆弧形与两段直线结合。滚动体 j 与内圈、外圈同时接触，α_{ij} 与 α_{oj} 分别表示滚动体与内圈、外圈接触角。Q_{ij} 为滚动体与内圈之间垂直于接触面的法向压力，e 为内圈偏心量，ϕ_e 表示内圈偏心角度，为 OO_i 与 OZ 轴夹角，ϕ_j 为内圈坐标系下滚动体 j 相位角，为 O_iO_{bj} 与 O_iZ_i 轴夹角，F_a 为轴向预紧力，$T_{\xi ij}$ 为内圈牵引力，Q_{cj} 为保持架与滚动体 j 之间作用力，$F_{R\eta ij}$ 与 $F_{R\xi ij}$ 分别为内圈与滚动体之间摩擦力在 $X_iO_iZ_i$ 与 $Y_iO_iZ_i$ 平面内的分量，可表示为

$$F_{R\eta ij}=2J_j\left(\omega_{\eta j}/\omega\right)^2\sin\alpha_{ij}/D_j \tag{2.11}$$

$$F_{R\xi ij}=J_j\dot{\omega}_{\xi j}/D_j+m_jD_c\dot{\omega}_c/4+\left(1+\mu\right)Q_{cj}/2 \tag{2.12}$$

式中，J_j 为滚动体 j 的转动惯量；$\omega_{\eta j}$ 为滚动体 j 在 $X_{bj}O_{bj}Z_{bj}$ 平面内陀螺运动角速度；ω为轴承工作转速；D_j 为滚动体 j 的直径；$\dot{\omega}_{\xi j}$ 为滚动体 j 在 $Y_{bj}O_{bj}Z_{bj}$ 平面内自转角加速度；m_j 为滚动体 j 的质量；D_c 为保持架直径；$\dot{\omega}_c$ 为保持架角加速度；μ为保持架与滚动体之间摩擦系数；Q_{cj} 为保持架与滚动体 j 之间接触力。考虑球径差的存在，滚动体与内外圈之间的接触在周向是不均匀的，如图 2.7 所示。

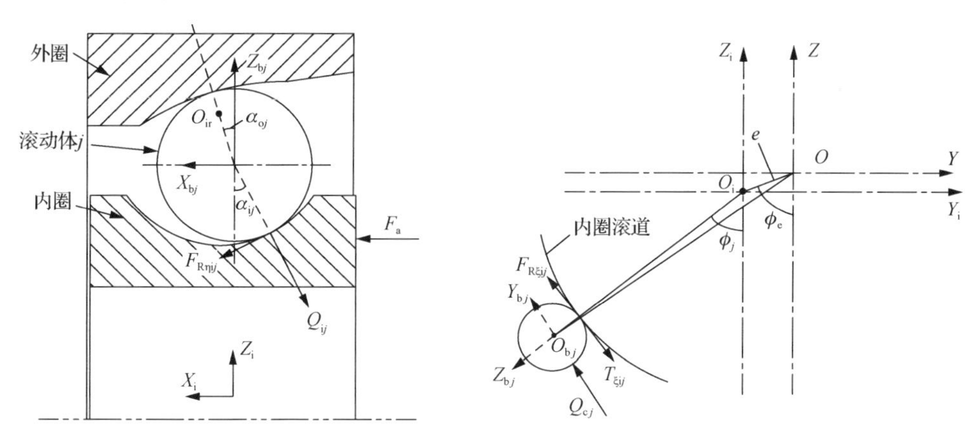

图 2.6 滚动体 j 与内圈接触模型

图 2.7 中，O_{bj},O_{bk} 分别表示第 j,k 个滚动体的中心，由于全陶瓷轴承材料刚度较大，球径差对内圈位移影响较大，致使滚动体 k 与内圈不能完全接触。在高速运转工况下，滚动体 k 的运动可视为在外圈滚道上的滚动与滑动。将

类似图 2.4 中滚动体 j 且与内外圈同时接触的滚动体称为承载滚动体，将类似滚动体 k 且不同时与内外圈接触的滚动体称为非承载滚动体，则在忽略内圈变形量，并假设内圈与各滚动体接触区域变形相互独立的条件下，承载滚动体的数量仅在 1、2、3 变化。根据结构连续性，承载滚动体的几何边界条件满足

$$\overline{O_{\mathrm{i}}O_{\mathrm{b}j}} \leqslant R_{\mathrm{i}} + l_1 + r_{\mathrm{i}} - \left(r_{\mathrm{i}} - D_j / 2\right)\cos\alpha_{\mathrm{i}j} \tag{2.13}$$

式中，R_{i} 为轴承内圈内径；l_1 为内圈最小厚度，即内圈滚道最低点与内圈内表面的最小距离；r_{i} 为内圈滚道半径；$\overline{O_{\mathrm{i}}O_{\mathrm{b}j}}$ 为内圈中心与滚动体 j 中心的距离在 YOZ 平面内的投影，满足

$$\overline{O_{\mathrm{i}}O_{\mathrm{b}j}} = \sqrt{e^2\cos^2\left(\phi_{\mathrm{e}} - \phi_j\right) - e^2 + \overline{OO_{\mathrm{b}j}}^2} - e\cos\left(\phi_{\mathrm{e}} - \phi_j\right) \tag{2.14}$$

其中，$\overline{OO_{\mathrm{b}j}}$ 为固定坐标系中心与滚动体 j 中心的距离在 YOZ 平面内的投影，可表示为

$$\overline{OO_{\mathrm{b}j}} = R_{\mathrm{i}} + e\cos\left(\phi_{\mathrm{e}} - \phi_j\right) + l_1 + r_{\mathrm{i}} - \left(r_{\mathrm{i}} - D_j / 2\right)\cos\alpha_{\mathrm{i}j} \tag{2.15}$$

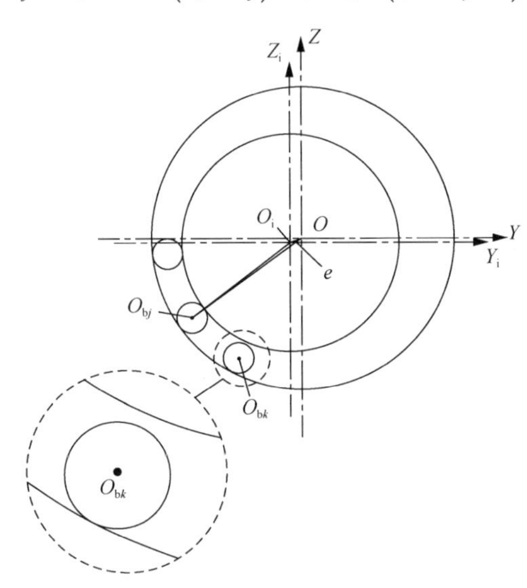

图 2.7　滚动体与内外圈周向接触情况示意图

从而内圈的振动微分方程可表示为

$$F_X + \sum_{j=1}^{N_1}\left(F_{\mathrm{R}\eta ij}\cos\alpha_{ij} - Q_{ij}\sin\alpha_{ij}\right) = m_{\mathrm{i}}\ddot{X}_{\mathrm{i}} \tag{2.16}$$

$$F_Y + \sum_{j=1}^{N_1}\left[\left(Q_{ij}\cos\alpha_{ij} + F_{\mathrm{R}\eta ij}\sin\alpha_{ij}\right)\cos\phi_j + \left(T_{\xi ij} - F_{\mathrm{R}\xi ij}\right)\sin\phi_j\right] = m_{\mathrm{i}}\ddot{Y}_{\mathrm{i}} \tag{2.17}$$

$$F_Z + \sum_{j=1}^{N_1}\left[\left(Q_{ij}\cos\alpha_{ij} + F_{\mathrm{R}\eta ij}\sin\alpha_{ij}\right)\sin\phi_j - \left(T_{\xi ij} - F_{\mathrm{R}\xi ij}\right)\cos\phi_j\right] = m_{\mathrm{i}}\ddot{Z}_{\mathrm{i}} \tag{2.18}$$

$$M_Y + \sum_{j=1}^{N_1}\left[r_{ij}\left(Q_{ij}\sin\alpha_{ij} - F_{\mathrm{R}\eta ij}\cos\alpha_{ij}\right)\sin\phi_j + \frac{D_j}{2}r_{\mathrm{i}}T_{\xi ij}\sin\alpha_{ij}\cos\phi_j\right]$$
$$= I_{\mathrm{i}Y}\dot{\omega}_{\mathrm{i}Y} - \left(I_{\mathrm{i}Z} - I_{\mathrm{i}X}\right)\omega_{\mathrm{i}Z}\omega_{\mathrm{i}X} \tag{2.19}$$

$$M_Z + \sum_{j=1}^{N_1}\left[r_{ij}\left(Q_{ij}\sin\alpha_{ij} - F_{\mathrm{R}\eta ij}\cos\alpha_{ij}\right)\cos\phi_j - \frac{D_j}{2}r_{\mathrm{i}}T_{\xi ij}\sin\alpha_{ij}\sin\phi_j\right]$$
$$= I_{\mathrm{i}Z}\dot{\omega}_{\mathrm{i}Z} - \left(I_{\mathrm{i}X} - I_{\mathrm{i}Y}\right)\omega_{\mathrm{i}X}\omega_{\mathrm{i}Y} \tag{2.20}$$

式中，m_{i} 为内圈质量；$\ddot{X}_{\mathrm{i}},\ddot{Y}_{\mathrm{i}},\ddot{Z}_{\mathrm{i}}$ 分别为内圈沿 $O_{\mathrm{i}}X_{\mathrm{i}},O_{\mathrm{i}}Y_{\mathrm{i}},O_{\mathrm{i}}Z_{\mathrm{i}}$ 轴的加速度；$I_{\mathrm{i}X}$，$I_{\mathrm{i}Y},I_{\mathrm{i}Z}$ 为内圈绕 $O_{\mathrm{i}}X_{\mathrm{i}},O_{\mathrm{i}}Y_{\mathrm{i}},O_{\mathrm{i}}Z_{\mathrm{i}}$ 轴转动惯量；$\omega_{\mathrm{i}X},\omega_{\mathrm{i}Y},\omega_{\mathrm{i}Z}$ 为内圈角速度在 X_i,Y_i，Z_i 方向的分量；$\dot{\omega}_{\mathrm{i}Y},\dot{\omega}_{\mathrm{i}Z}$ 为内圈相应角加速度；N_1 为承载滚动体个数；F_X,F_Y，F_Z,M_Y,M_Z 为外加载荷；r_{ij} 为公转半径，可表示为

$$r_{ij} = 0.5d_{\mathrm{m}} - 0.5D_j r_{\mathrm{i}}\cos\alpha_{ij} \tag{2.21}$$

其中，d_{m} 为轴承节圆直径。在求解系统动态特性时，首先需根据式（2.12）~式（2.14）求出承载滚动体位置及个数。当滚动体满足式（2.12）时为承载滚动体，否则为非承载滚动体。对于非承载滚动体，其与内圈不接触，因而不计入计算。

2.3 保持架接触模型建立

由于保持架质量小，厚度薄，因此在低速运转工况下其动态特性常被忽略。而在高速运转工况下，保持架与滚动体之间的碰撞与摩擦是造成滚动体打滑及陀螺运动的主要原因，对整个轴承的振声特性有着重大影响。保持架运转过程

中同样存在偏心，且保持架孔径略大于滚动体直径，滚动体在保持架孔中做周向往复运动。本节假设保持架只与滚动体接触，与内圈不接触，则在 $Y_cO_cZ_c$ 与 $X_cO_cZ_c$ 平面内保持架与滚动体的接触模型分别如图 2.8 和图 2.9 所示。

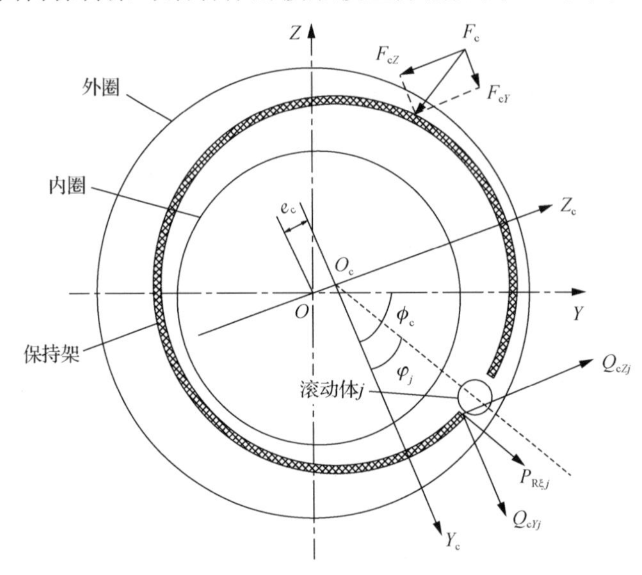

图 2.8　保持架与滚动体接触模型（$Y_cO_cZ_c$ 平面）

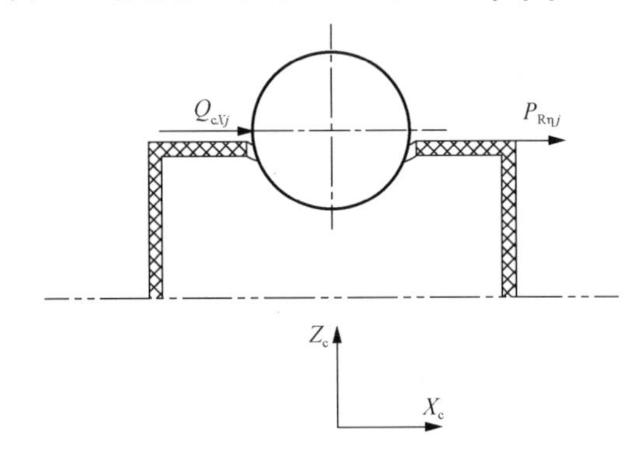

图 2.9　保持架与滚动体接触模型（$X_cO_cZ_c$ 平面）

图 2.8 中，O_c 所示为保持架中心；e_c 为保持架偏心量；ϕ_c 为固定坐标系 $\{O;Y,Z\}$ 与保持架坐标系 $\{O_c;Y_c,Z_c\}$ 的夹角；Q_{cj} 表示保持架与滚动体 j 之间接触力；Q_{cXj},Q_{cYj},Q_{cZj} 分别为 Q_{cj} 在 O_cX_c,O_cY_c,O_cZ_c 坐标轴方向上的分量；ϕ_j 为滚动体 j 在保持架坐标系 $\{O_c;Y_c,Z_c\}$ 下的方位角；F_c 为润滑油施加给保持架的作用力，由于保持架质量较轻，因此高速运转下润滑油的作用不可忽视；F_{cY} 与 F_{cZ}

为 F_c 沿 O_cY_c 与 O_cZ_c 轴方向的分量；$P_{R\xi j}$ 与 $P_{R\eta j}$ 为在 $Y_cO_cZ_c$ 平面与 $X_cO_cZ_c$ 平面内滚动体施加给保持架的摩擦力分量。保持架的动力学微分方程可表示为

$$\sum_{j=1}^{N}\left(Q_{cXj}+P_{R\eta j}\right)=m_c\ddot{X}_c \tag{2.22}$$

$$\sum_{j=1}^{N}\left(Q_{cYj}+P_{R\xi j}\cos\varphi_j\right)+F_{cy}=m_c\ddot{Y}_c \tag{2.23}$$

$$\sum_{j=1}^{N}\left(Q_{cZj}+P_{R\xi j}\sin\varphi_j\right)-F_{cZ}=m_c\ddot{Z}_c \tag{2.24}$$

$$\sum_{j=1}^{N}\left(P_{R\xi j}\cdot D_j/2+\sqrt{Q_{cYj}^2+Q_{cZj}^2}\cdot d_m/2\right)+M_{cX}=I_{cX}\dot{\omega}_{cX}-\left(I_{cY}-I_{cZ}\right)\omega_{cY}\omega_{cZ} \tag{2.25}$$

$$\sum_{j=1}^{N}\left(P_{R\eta j}+Q_{cXj}\right)\cdot d_m\sin\varphi_j/2=I_{cY}\dot{\omega}_{cY}-\left(I_{cZ}-I_{cX}\right)\omega_{cZ}\omega_{cX} \tag{2.26}$$

$$\sum_{j=1}^{N}\left(P_{R\eta j}+Q_{cXj}\right)\cdot d_m\cos\varphi_j/2=I_{cZ}\dot{\omega}_{cZ}-\left(I_{cX}-I_{cY}\right)\omega_{cX}\omega_{cY} \tag{2.27}$$

式中，N 为总滚动体个数；m_c 为保持架质量；$\ddot{X}_c,\ddot{Y}_c,\ddot{Z}_c$ 为保持架沿 O_cX_c,O_cY_c,O_cZ_c 轴方向加速度；M_{cX} 为外部载荷；I_{cX},I_{cY},I_{cZ} 为保持架转动惯量；ω_{cX},ω_{cY},ω_{cZ} 为保持架绕 O_cX_c，O_cY_c，O_cZ_c 轴转动角速度；$\dot{\omega}_{cX},\dot{\omega}_{cY},\dot{\omega}_{cZ}$ 为对应角加速度。在轴承运转过程中，滚动体在保持架孔内往复运动，因此与保持架之间作用力方向是时变的，本节仅采用图 2.8 及图 2.9 中时刻作为参考，在计算过程中作用力方向可通过正负值来体现。

2.4 滚动体受力分析

2.4.1 承载滚动体受力分析

滚动体承载情况比较复杂，按照与内圈接触情况滚动体可分为承载滚动体与非承载滚动体。根据图 2.6~图 2.9，承载滚动体受力情况如图 2.10 所示。

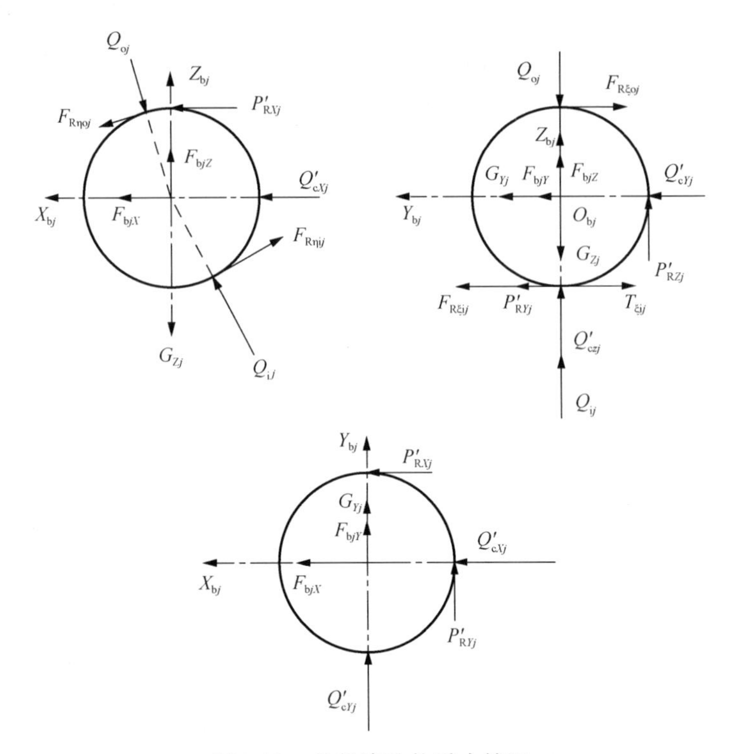

图 2.10　承载滚动体受力情况

图 2.10 中，F_{bjX} , F_{bjY} , F_{bjZ} 分别表示润滑油对滚动体的作用力在 $O_{bj}X_{bj}$, $O_{bj}Y_{bj}$,$O_{bj}Z_{bj}$ 方向上的分量，由于滚动体质量较小，因此润滑油的影响不可忽略，作用力等效作用点为滚动体中心；Q_{oj} 为外圈与滚动体 j 之间接触力；$F_{R\eta oj}$, $F_{R\xi oj}$ 为外圈与滚动体之间摩擦力在 $X_{bj}O_{bj}Z_{bj}$ 与 $Y_{bj}O_{bj}Z_{bj}$ 平面内的分量；G_{Yj} , G_{Zj} 为滚动体 j 重力在 $O_{bj}Y_{bj}$ 与 $O_{bj}Z_{bj}$ 轴上的分量，满足

$$\begin{cases} G_{Yj} = m_j g\cos\phi_j \\ G_{Zj} = m_j g\sin\phi_j \end{cases} \tag{2.28}$$

式中，m_j 为滚动体 j 的质量，假设滚动体初始形状均为正球体，即

$$m_j = \rho \cdot D_j^3 / 6 \tag{2.29}$$

其中，ρ为滚动体材料密度。

Q'_{cXj} , Q'_{cYj} , Q'_{cZj} 为 Q_{cXj} , Q_{cYj} , Q_{cZj} 在滚动体坐标系{O_{bj}; X_{bj}, Y_{bj}, Z_{bj}}上的投影，内圈坐标系、保持架坐标系、滚动体坐标系与参考坐标系之间的位置关系如

图 2.11 所示。

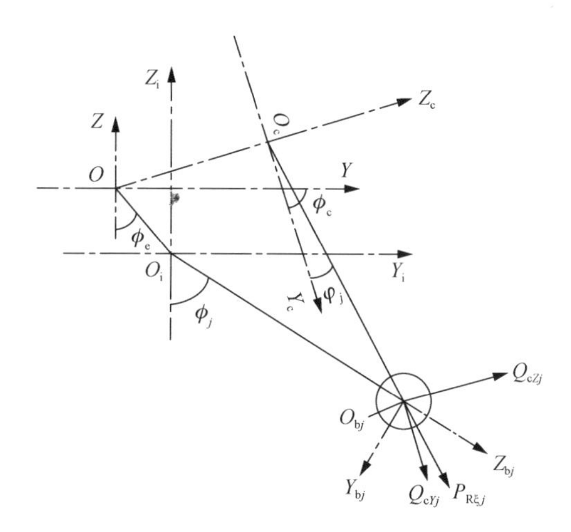

图 2.11 内圈坐标系、保持架坐标系、滚动体坐标系与参考坐标系之间的位置关系

故有

$$
\begin{cases}
Q'_{cXj} = Q_{cXj} \\
Q'_{cYj} = -Q_{cYj}\cos\left(\phi_j + \phi_c\right) - Q_{cZj}\sin\left(\phi_j + \phi_c\right) \\
Q'_{cZj} = Q_{cYj}\sin\left(\phi_j + \phi_c\right) - Q_{cZj}\cos\left(\phi_j + \phi_c\right)
\end{cases}
\tag{2.30}
$$

$P'_{RXj}, P'_{RYj}, P'_{RZj}$ 为 $P_{R\xi j}$ 与 $P_{R\eta j}$ 在 $O_{bj}X_{bj}, O_{bj}Y_{bj}, O_{bj}Z_{bj}$ 轴上的投影，可表示为

$$
\begin{cases}
P'_{RXj} = P_{R\eta j} \\
P'_{RYj} = -P_{R\xi j}\cos\left(\phi_j + \phi_c - \varphi_j\right) \\
P'_{RZj} = P_{R\xi j}\sin\left(\phi_j + \phi_c - \varphi_j\right)
\end{cases}
\tag{2.31}
$$

对于满足式（2.12）的承载滚动体，其动力学微分方程可表示为

$$
F_{bjX} + F_{R\eta oj}\cos\alpha_{oj} + Q_{ij}\sin\alpha_{ij} + Q'_{cXj} + P'_{RXj} - Q_{oj}\sin\alpha_{oj} - F_{R\eta ij}\cos\alpha_{ij} = m_j \ddot{X}_{bj} \tag{2.32}
$$

$$
F_{bjY} + G_{Yj} + Q'_{cYj} + P'_{RYj} + F_{R\xi ij} - F_{R\xi oj} - T_{R\xi ij} = m_j \ddot{Y}_{bj} \tag{2.33}
$$

$$
F_{bjZ} + Q'_{cZj} + Q_{ij}\cos\alpha_{ij} + F_{R\eta ij}\sin\alpha_{ij} - Q_{oj}\cos\alpha_{oj} - F_{R\eta oj}\sin\alpha_{oj} + P'_{RZj} - G_{Zj} = m_j \ddot{Z}_{bj} \tag{2.34}
$$

$$
\left(T_{R\xi ij} + P'_{RZj} - F_{R\xi oj} - P'_{RYj} - F_{R\xi ij}\right)\cdot D_j / 2 = I_{bj}\dot{\omega}_{bXj} + J_{Xj}\dot{\omega}_{Xj} \tag{2.35}
$$

$$\left(F_{\mathrm{R}\eta ij}+P'_{\mathrm{R}Xj}+F_{\mathrm{R}\eta oj}\right)\cdot D_j/2=I_{\mathrm{b}j}\omega_{\mathrm{b}Yj}+J_{Yj}\omega_{Yj}+I_{\mathrm{b}j}\omega_{\mathrm{b}Zj}\dot{\theta}_{\mathrm{b}j} \tag{2.36}$$

$$\left(P'_{\mathrm{R}Yj}+P'_{\mathrm{R}Xj}\right)\cdot D_j/2=I_{\mathrm{b}j}\omega_{\mathrm{b}Zj}-I_{\mathrm{b}j}\omega_{Yj}\dot{\theta}_{\mathrm{b}j}+J_{Zj}\dot{\omega}_{Zj} \tag{2.37}$$

式中，$\ddot{X}_{\mathrm{b}j},\ddot{Y}_{\mathrm{b}j},\ddot{Z}_{\mathrm{b}j}$ 为滚动体沿 $O_{\mathrm{b}j}X_{\mathrm{b}j},O_{\mathrm{b}j}Y_{\mathrm{b}j},O_{\mathrm{b}j}Z_{\mathrm{b}j}$ 轴的加速度；$I_{\mathrm{b}j}$ 为滚动体 j 在固定坐标系$\{O;X,Y,Z\}$中的转动惯量；J_{Xj},J_{Yj},J_{Zj} 为滚动体 j 在滚动体坐标系$\{O_{\mathrm{b}j},X_{\mathrm{b}j},Y_{\mathrm{b}j},Z_{\mathrm{b}j}\}$中对应各转轴的转动惯量；$\omega_{Xj},\omega_{Yj},\omega_{Zj}$ 为滚动体 j 绕 OX,OY,OZ 轴的转动角速度；$\omega_{\mathrm{b}Xj},\omega_{\mathrm{b}Yj},\omega_{\mathrm{b}Zj}$ 为滚动体在固定坐标系中绕 $O_{\mathrm{b}j}X_{\mathrm{b}j},O_{\mathrm{b}j}Y_{\mathrm{b}j},O_{\mathrm{b}j}Z_{\mathrm{b}j}$ 轴的转动角速度；$\dot{\omega}_{Xj},\dot{\omega}_{Zj},\dot{\omega}_{\mathrm{b}Xj}$ 分别为相应角加速度；$\dot{\theta}_{\mathrm{b}j}$ 为滚动体在坐标系$\{O;X,Y,Z\}$中公转速度。

2.4.2　非承载滚动体受力分析

考虑滚动体球径差，假设 D_j 为滚动体球径最大值，D_k 为滚动体球径最小值，D_j 与 D_k 的差距为

$$D_j-D_k=\delta \tag{2.38}$$

式中，δ为该全陶瓷轴承滚动体球径差，滚动体直径在 D_j 与 D_k 之间随机分布。由于离心力的原因，对于不满足式（2.3）的非承载滚动体，如图 2.7 中滚动体 k，可视为在外滚道上做滚滑运动，与内圈不接触，因此其与内圈之间作用力不计入计算[39]。对于非承载滚动体 k，其受力情况如图 2.12 所示。

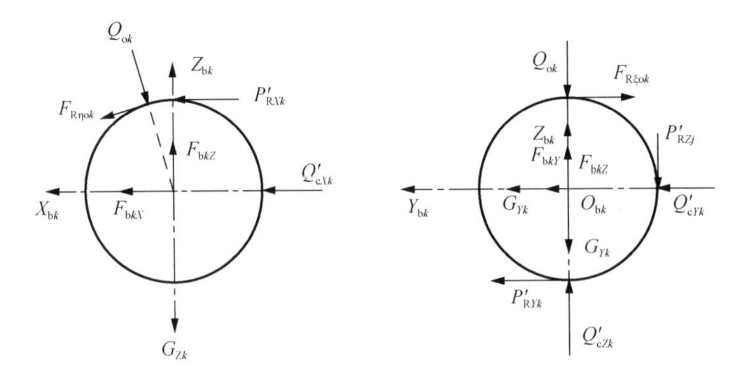

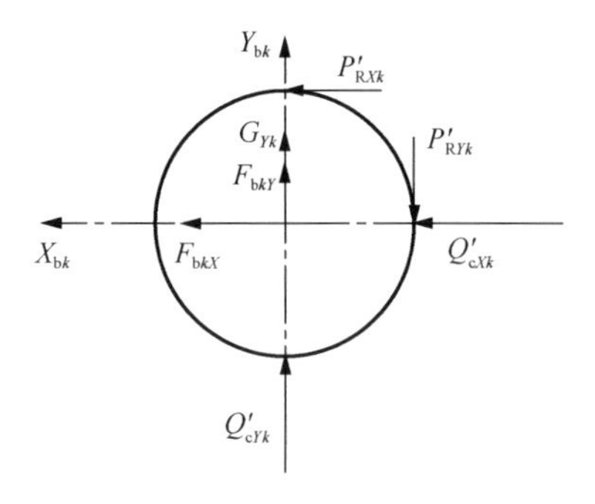

图 2.12　非承载滚动体受力情况

对于非承载滚动体，其动力学微分方程可表示为

$$F_{bkX} + F_{R\eta ok}\cos\alpha_{ok} + Q'_{cXk} + P'_{RXk} - Q_{oj}\sin\alpha_{oj} = m_k\ddot{X}_{bk} \tag{2.39}$$

$$F_{bkY} + G_{Yk} + Q'_{cYk} + P'_{RYk} + F_{R\xi o\,k} = m_k\ddot{Y}_{b\,k} \tag{2.40}$$

$$F_{bkZ} + Q'_{cZk} - Q_{ok}\cos\alpha_{ok} - F_{R\eta ok}\sin\alpha_{ok} + P'_{RZk} - G_{Zk} = m_k\ddot{Z}_{b\,k} \tag{2.41}$$

$$\left(P'_{RZk} - F_{R\xi ok} - P'_{RYk}\right)\cdot D_k/2 = I_{bk}\dot{\omega}_{bXk} + J_{Xk}\dot{\omega}_{Xk} \tag{2.42}$$

$$\left(P'_{RXk} + F_{R\eta ok}\right)\cdot D_k/2 = I_{bk}\omega_{bYk} + J_{Yk}\omega_{Yk} + I_{bk}\omega_{bZk}\dot{\theta}_{bk} \tag{2.43}$$

$$\left(P'_{RYk} + P'_{RXk}\right)\cdot D_k/2 = I_{bk}\omega_{bZk} - I_{bk}\omega_{Yk}\dot{\theta}_{bk} + J_{Zk}\dot{\omega}_{Zk} \tag{2.44}$$

式中各参数意义与 2.4.1 节中相同，在计算过程中首先要根据式（2.12）确定承载滚动体个数及位置，然后再根据滚动体承载情况对每个滚动体动态特性进行计算。

2.5　计算结果分析

在针对全陶瓷球轴承的动态特性计算中，假设各构件的质心与形心相重合，且润滑油膜在元件表面均匀分布。本节中选取全陶瓷球轴承结构参数与 7003C 全陶瓷球轴承相同，保持架材料为酚醛树脂，内外圈及滚动体材料为氮化硅工程陶瓷，其各项结构参数如表 2.1 所示。

表 2.1　7003C 全陶瓷球轴承结构参数

结构参数	取值
外圈外径/mm	35
外圈内径/mm	29.2
轴承宽度/mm	10
保持架外径/mm	26.5
保持架内径/mm	23.8
保持架孔径/mm	5
保持架宽度/mm	8.8
内圈外径/mm	23
内圈内径/mm	17
滚动体个数	15
滚动体公称直径/mm	4.5
球径差幅值/mm	0.01
初始接触角/（°）	15

表 2.1 中，外圈内径表示外圈内表面直径最小处直径，内圈外径表示内圈外表面直径最大处直径，滚动体公称直径为滚动体制造过程中标注的直径，而实际滚动体尺寸则根据球径差幅值在公称直径上下浮动。假设滚动体球径差幅值为对称偏差，则当球径差幅值为 0.01mm 时，各滚动体直径变化范围为 4.5±0.005mm，即 4.495~4.505mm，并满足

$$D_m = D_{\mathrm{n}} + R_m \delta_{\mathrm{b}}，\ m=1,2,\cdots,15 \qquad (2.45)$$

式中，D_m 为第 m 个滚动体直径；D_{n} 为滚动体公称直径；R_m 为第 m 个滚动体的球径差系数；δ_{b} 为球径差幅值。各滚动体为逆时针顺序编号，如图 2.13 所示。

R_m 在[−0.5,0.5]区间内呈随机分布，本节中 R_m 取值如图 2.14 所示。

在本书涉及对全陶瓷轴承振动与噪声特性计算中，全陶瓷轴承均竖直放置，即轴承轴线位于水平面内。为研究滚动体球径差对载荷周向分布产生的影响，这里设轴承正上方 12 点钟方向为 0°，其余角度顺时针排列，轴承转速为 15000r/min。考虑滚动体球径差时，轴承振动采用式（2.10）~式（2.44）求得。计算时长为 1s，采用各点处幅值有效值进行分析。角度步长为 12°，则滚动

体与内外圈之间接触力 Q_{ij} 与 Q_{oj} 计算结果如图 2.15 所示，此处选取 1 号、3 号、4 号、7 号与 12 号滚动体作为代表。

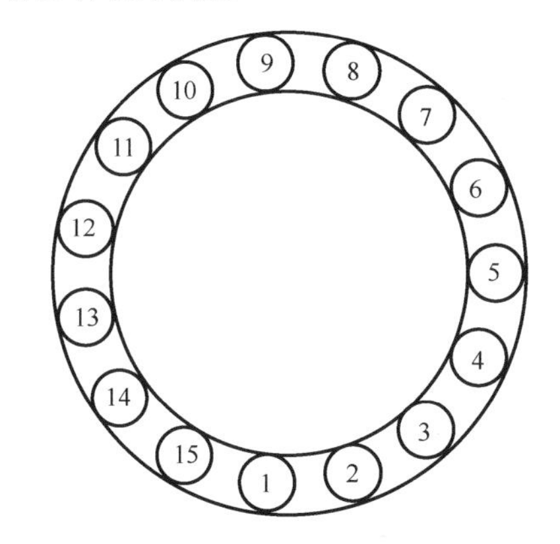

图 2.13　滚动体编号

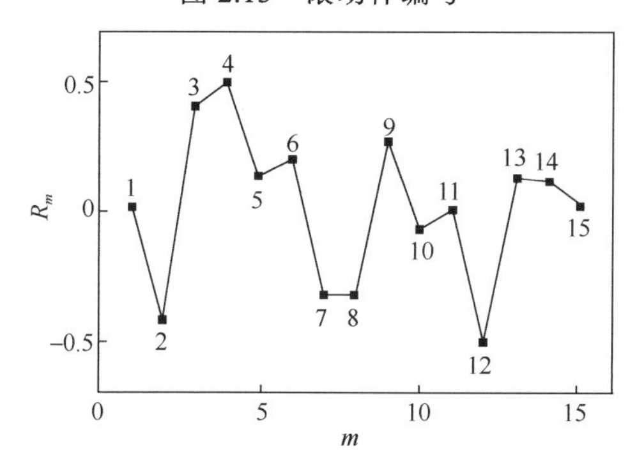

图 2.14　滚动体球径差系数取值

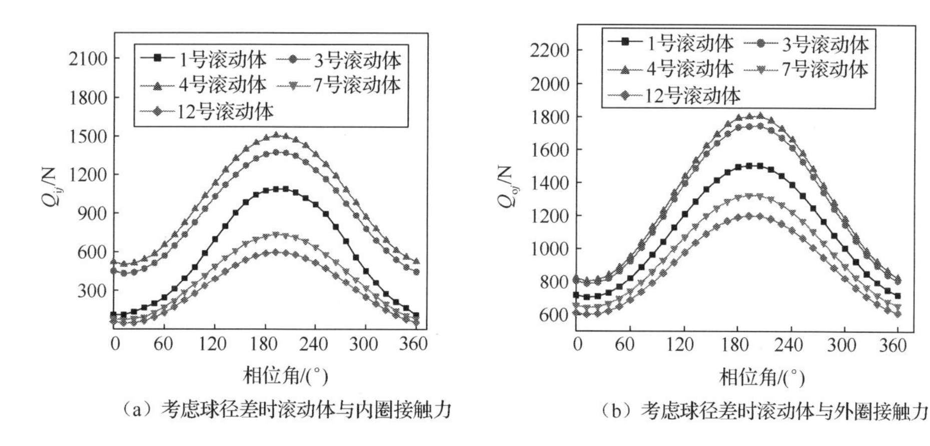

（a）考虑球径差时滚动体与内圈接触力　　（b）考虑球径差时滚动体与外圈接触力

图 2.15　考虑球径差时滚动体与内外圈接触力计算结果

当不考虑球径差的影响时，δ_b 取 0，承载区间内所有滚动体均和内圈、外圈接触，则轴承各构件振动可参照文献[40]中提供的动力学模型进行求解，作为对照结果。不考虑球径差时滚动体与内外圈接触力如图 2.16 所示。

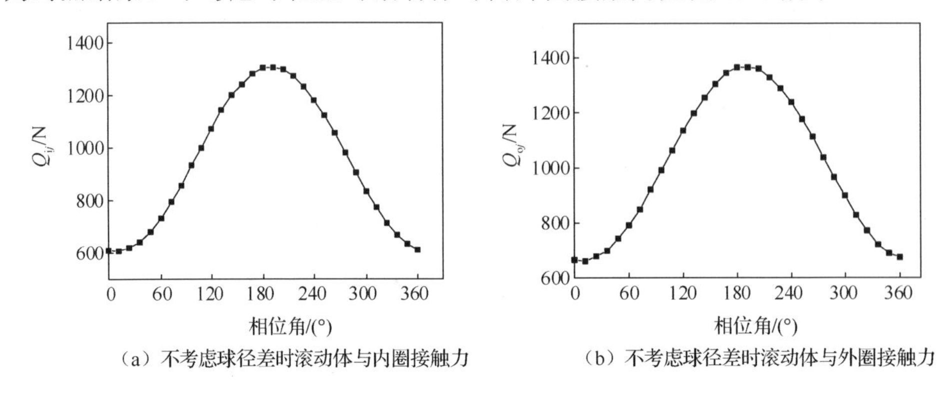

（a）不考虑球径差时滚动体与内圈接触力　（b）不考虑球径差时滚动体与外圈接触力

图 2.16　不考虑球径差时滚动体与内外圈接触力计算结果

通过对比图 2.15 与图 2.16 可以看出，滚动体与轴承套圈接触力在承载区间内较大，在 180° 附近达到最大值。由于外圈除了承担内圈传递来的载荷，还承担滚动体的离心力，因此 Q_{oj} 比 Q_{ij} 略大。当不考虑球径差的影响时，各滚动体与轴承套圈接触力相同，而当考虑球径差影响时，接触力最大的滚动体为球径最大的 4 号滚动体，说明球径较大的滚动体与内外圈接触概率较大，接触时间较长，因此接触力总体较大，而当球径减小时，滚动体所受内外圈挤压减小，接触力减小。滚动体与外圈接触力 Q_{oj} 变化趋势与 Q_{ij} 类似，都是随着滚动体球径变化而改变，对于球径较大的滚动体接触力较大，而球径较小时接触力也较小。计算结果说明，考虑滚动体球径差影响时计算结果与传统模型有一定差异，虽然同一滚动体在不同相位角处受力趋势未发生变化，但不同滚动体受力出现较大差距，而轴承旋转过程中不同滚动体处于不同相位角，考虑滚动体球径差时轴承振动情况势必发生较大变化，进而影响轴承辐射噪声周向分布情况，其运算精度需要经过实验进行验证。

参 考 文 献

[1] Ahmadi A M. A nonlinear dynamic vibration model of defective bearings—the importance of modelling the finite size of rolling elements[J]. Mechanical Systems and Signal Processing, 2015, 52-53: 309-326.

[2] Cao M, Xiao J. A comprehensive dynamic model of double-row spherical roller bearing—model development and case studies on surface defect, preloads, and radial clearance[J]. Mechanical Systems and Signal Processing, 2008, 22(2): 467-489.

[3] Shah D S, Patel V N. A dynamic model for vibration studies of dry and lubricated deep groove ball bearings considering local defects on races[J]. Measurement, 2019, 137: 535-555.

[4] Shah D S, Patel V N. Theoretical and experimental vibration studies of lubricated deep groove ball bearings having surface waviness on its races[J]. Measurement, 2018, 129: 405-423.

[5] Liu W T, Zhang Y, Feng Z J, et al. A study on waviness induced vibration of ball bearings based on signal coherence theory[J]. Journal of Sound and Vibration, 2014, 333(23): 6107-6120.

[6] Bai C Q, Zhang H Y, Xu Q Y. Subharmonic resonance of a symmetric ball bearing-rotor system[J]. International Journal of Non-linear Mechanics, 2013, 50:1-10.

[7] Bovet C, Zamponi L. An approach for predicting the internal behaviour of ball bearings under high moment load[J]. Mechanism and Machine Theory, 2016, 101: 1-22.

[8] Jones A B. A general theory for elastically constrained ball and radial roller bearings under arbitrary load and speed conditions[J]. Journal of Fluids Engineering, 1960, 82(2): 309-320.

[9] Maamari N, Krebs A, Weikert S, et al. Centrally fed orifice based active aerostatic bearing with quasi-infinite static stiffness and high servo compliance[J]. Tribology International, 2019, 129: 297-313.

[10] Xu T, Xu G H, Zhang Q, et al. A prcload analytical method for ball bearings utilising bearing skidding criterion[J]. Tribology International, 2013, 67: 44-50.

[11] Sheng X, Li B, Wu Z, et al. Calculation of ball bearing speed-varying stiffness[J]. Mechanism and Machine Theory, 2014, 81: 166-180.

[12] Yuan B, Chang S, Liu G, et al. Quasi-static analysis based on generalized loaded static transmission error and dynamic investigation of wide-faced cylindrical geared rotor systems[J]. Mechanism and Machine Theory, 2019, 134: 74-94.

[13] Bai C Q, Xu Q Y. Dynamic model of ball bearings with internal clearance and waviness[J]. Journal of Sound and Vibration, 2006, 294(1-2): 23-48.

[14] Wang W Z, Hu L, Zhang S G, et al. Modeling angular contact ball bearing without raceway control hypothesis[J]. Mechanism and Machine Theory, 2014, 82: 154-172.

[15] Zhuang F J, Chen P H, Arteiro A, et al. Mesoscale modelling of damage in half-hole pin bearing composite laminate specimens[J]. Composite Structures, 2019, 214: 191-213.

[16] Yang L H, Xu T F, Xu H L, et al. Mechanical behavior of double-row tapered roller bearing under combined external loads and angular misalignment[J]. International Journal of Mechanical Sciences, 2018, 142-143: 561-574.

[17] Yan K, Wang N, Zhai Q, et al. Theoretical and experimental investigation on the thermal characteristics of double-row tapered roller bearings of high speed locomotive[J]. International Journal of Heat and Mass Transfer, 2015, 84: 1119-1130.

[18] Zhang X, Xu H, Chang W, et al. Torque variations of ball bearings based on dynamic model with geometrical imperfections and operating conditions[J]. Tribology International, 2019, 133: 193-205.

[19] Qin Y, Cao F L, Wang Y, et al. Dynamics modelling for deep groove ball bearings with local faults based on coupled and segmented displacement excitation[J]. Journal of Sound and Vibration, 2019, 447: 1-19.

[20] Niu L K, Cao H R, Xiong X Y. Dynamic modeling and vibration response simulations of angular contact ball bearings with ball defects considering the three-dimensional motion of balls[J]. Tribology International, 2017, 109: 26-39.

[21] Gupta P K. Dynamics of rolling-element bearings, Part Ⅲ: Ball bearing analysis[J]. Journal of Tribology, 1979, 101(3): 312-318.

[22] Gupta P K. Dynamics of rolling-element bearings, Part Ⅳ: Ball bearing results[J]. Journal of Tribology, 1979, 101(3): 319-326.

[23] Cui Y C, Deng S E, Niu R J, et al. Vibration effect analysis of roller dynamic unbalance on the cage of high-speed cylindrical roller bearing[J]. Journal of Sound and Vibration, 2018, 434: 314-335.

[24] Cui Y C, Deng S E, Zhang W H, et al. The impact of roller dynamic unbalance of high-speed cylindrical roller bearing on the cage nonlinear dynamic characteristics[J]. Mechanism and Machine Theory, 2017, 118: 65-83.

[25] Niu L K, Cao H R, He Z J, et al. An investigation on the occurrence of stable cage whirl motions in ball bearings based on dynamic simulations[J]. Tribology International, 2016, 103: 12-24.

[26] Choe B, Lee J, Jeon D, et al. Experimental study on dynamic behavior of ball bearing cage in cryogenic environments, Part I: Effects of cage guidance and pocket clearances[J]. Mechanical Systems and Signal Processing, 2019, 115: 545-569.

[27] Choe B, Lee J, Jeon D, et al. Experimental study on dynamic behavior of ball bearing cage in cryogenic environments, Part II: effects of cage mass imbalance[J]. Mechanical Systems and Signal Processing, 2019, 116: 26-39.

[28] Machado C, Guessasma M, Bourny V. Electromechanical prediction of the regime of lubrication in ball bearings using discrete element method[J]. Tribology International, 2018, 127: 69-83.

[29] Xu Y F, Zheng Q, Abuflaha R, et al. Influence of dimple shape on tribofilm formation and tribological properties of textured surfaces under full and starved lubrication[J]. Tribology International, 2019, 136: 267-275.

[30] Ebner M, Yilmaz M, Lohner T, et al. On the effect of starved lubrication on elastohydrodynamic (EHL)line contacts[J]. Tribology International, 2018, 118: 515-523.

[31] Laniado-Jácome E, Meneses-Alonso J, Diaz-López V. A study of sliding between rollers and races in a roller bearing with a numerical model for mechanical event simulations[J]. Tribology International, 2010, 43(11): 2175-2182.

[32] Singh S, Howard C Q, Hansen C H. An extensive review of vibration modelling of rolling element bearings with localised and extended defects[J]. Journal of Sound and Vibration, 2015, 357: 300-330.

[33] Massi F, Bouscharain N, Milana S, et al. Degradation of high speed loaded oscillating bearings: numerical analysis and comparison with experimental observations[J]. Wear, 2014, 317(1-2): 141-152.

[34] Warda B, Chudzik A. Effect of ring misalignment of the fatigue life of the radial cylindrical roller bearing[J]. International Journal of Mechanical Sciences, 2016, 111-112: 1-11.

[35] Mermoz E, Fages D, Zamponi L, et al. New methodology to define roller geometry on power bearings[J]. CIRP Annals, 2016, 65(1): 157-160.

[36] Hu J B, Wu W, Wu M X, et al. Numerical investigation of the air-oil two-phase flow inside an oil-jet lubricated ball bearing[J]. International Journal of Heat and Mass Transfer, 2014, 68: 85-93.

[37] Tkacz E, Kozanecki E, Kozanecka D. Numerical methods for theoretical analysis of foil bearing dynamics[J]. Mechanics Research Communications, 2017, 82: 9-13.

[38] Toumi M Y, Murer S, Bogard F, et al. Numerical simulation and experimental comparison of flaw evolution on a bearing raceway: case of thrust ball bearing[J]. Journal of Computational Design and Engineering, 2018, 5(4): 427-434.

[39] Bai X T, Wu Y H, Rosca I C, et al. Investigation on the effects of the ball diameter difference in the sound radiation of full ceramic bearings[J]. Journal of Sound and Vibration, 2019, 450(2): 231-250.

[40] Zhang W H, Deng S E, Chen G D, et al. Impact of lubricant traction coefficient on cage's dynamic characteristics in high-speed angular contact ball bearing[J]. Chinese Journal of Aeronautics, 2017, 30(2): 827-835.

3　全陶瓷轴承声辐射模型建立

3.1　自由场声辐射理论

现阶段针对滚动轴承运转状态下辐射噪声的研究，可分为理论研究与实验研究两类。理论研究中，对于振动导致的辐射噪声计算大多将轴承视为一个整体声源，通过有限元-边界元理论对辐射噪声进行推导，得到固定场点处声压级[1-4]。这种方法忽略了内部各元件产生辐射噪声传递路径的差异性，精度较低，而实验方法中对特定工况下轴承辐射噪声声压级的采集获得信息较少，对轴承噪声削弱策略指导意义较小，因此并不适用于全陶瓷轴承辐射噪声预测与削弱研究。基于此，本章引入子声源分解理论，将全陶瓷轴承离散为内圈、滚动体、保持架等子声源，并根据第 2 章计算得到的各子声源动态特性得到其声源辐射特性，进而得到轴承总辐射噪声计算结果。

当轴承处于运转状态下时，其内部各构件之间产生的摩擦、撞击等作用会产生表面振动，进而辐射摩擦噪声与撞击噪声。当外圈设为固定元件时，辐射噪声可以认为其由内圈、滚动体与保持架辐射而来，这三部分构件可视为三个子声源，而轴承辐射噪声可视为这三部分子声源辐射噪声的叠加结果。假设声波传递过程中介质为均匀、各向同性的，则在对辐射噪声进行计算时可应用亥姆霍兹方程[5,6]

$$\left(\nabla^2 + k^2\right) p(x) = 0 \tag{3.1}$$

式中，∇^2 为二阶拉普拉斯算子；$p(x)$为声压；k 为声波波数，可表示为

$$k = \frac{\omega}{c} \tag{3.2}$$

其中，ω为声波圆频率，c 为声速。噪声由固体振动产生，并由流体介质—空

气传播，因此在流体与固体边界上应满足

$$\frac{\partial p}{\partial \boldsymbol{n}} = \mathrm{i}\omega d v_{\mathrm{n}} \tag{3.3}$$

式中，$\boldsymbol{n}$ 为结构表面的外法线单位矢量；d 为流体介质密度；v_{n} 为结构表面的外法线振速。

为准确模拟声源辐射情况，根据声学有限元理论，将声源表面离散成多个配置点，每个配置点之间间隔一定距离，选定空间中某一固定点为场点，声波辐射满足 Sommerfield 辐射规律，可表示为[7,8]

$$\lim_{r\to\infty} r\left(\frac{\partial p}{\partial r} - \mathrm{i}kp\right) = 0 \tag{3.4}$$

式中，$\mathrm{i} = \sqrt{-1}$ 为虚数算子；$r = |x - y|$ 表示配置点与场点的距离，x 为任意场点位置，y 为配置点位置，则方程（3.1）的基本解自由场格林函数为

$$G(x, y) = \frac{\mathrm{e}^{-\mathrm{i}kr}}{4\pi r} \tag{3.5}$$

3.2 子声源分解理论

子声源分解理论的核心思想是将一个向外辐射噪声的整体声源拆解成多个元件，并将各元件作为子声源分别进行计算，再对各子声源辐射噪声结果进行叠加计算。本节中，将轴承分解为内圈、滚动体与保持架三个子声源，并对子声源辐射噪声分别进行计算。根据格林函数，可以求得方程（3.1）对应的亥姆霍兹积分方程式，对于空间内任意配置点 x，有[9,10]

$$\int\left[p(y)\cdot\frac{\partial G(x,y)}{\partial n_y} - G(x,y)\cdot\frac{\partial p(y)}{\partial n_y}\right]\mathrm{d}S_s = C(x)p(x) \tag{3.6}$$

式中，S_s 为子声源表面，这里 s 可取 i,c,bj,bk, S_{i}, S_{c}, $S_{\mathrm{b}j}$, $S_{\mathrm{b}k}$ 分别表示内圈、保持架、承载滚动体 j 与非承载滚动体 k 的子声源表面；$C(x)$为与 x 位置相关的系数，当 x 位于 S_s 包络的空间内部时，取 $C(x)=0$，当 x 位于 S_s 包络上时，取

$C(x)=1/2$，当 x 位于 S_s 包络的空间外部时，取 $C(x)=1$。采用积分算子对亥姆霍兹积分方程进行表达，可得

$$\left(M_k-\frac{1}{2}I\right)\cdot p_s\left(y\right)=L_k\cdot\frac{\partial p}{\partial \boldsymbol{n}} \tag{3.7}$$

式中，$p_s\left(y\right)$ 为由声源 s 产生的位于 y 点的表面声压；积分算子 M_k 与 L_k 可定义为

$$\begin{cases}M_k=\int\dfrac{\partial G}{\partial \boldsymbol{n}}\mathrm{d}S_s\\L_k=\int G\mathrm{d}S_s\end{cases} \tag{3.8}$$

其中，$\boldsymbol{n}$ 为 S_s 平面外法线方向单位向量。采用离散的思想，将辐射噪声源结构体表面离散为多个小单元，并依次以每个节点作为源点，对式（3.6）在结构表面进行离散。根据边界元理论，子声源表面 S_s 可以拆分为许多面单元，单元的节点可以视为微声源点分布位置，则式（3.6）可用离散思想表示为

$$\boldsymbol{A}\cdot\boldsymbol{p}_s=\boldsymbol{B}\cdot\boldsymbol{v}_{\mathrm{n}s} \tag{3.9}$$

式中，$\boldsymbol{A}$ 与 $\boldsymbol{B}$ 为与声源表面条件与波数相关的影响系数矩阵，并受激励频率 ω 影响；$\boldsymbol{v}_{\mathrm{n}s}$ 表示 S_s 面上的法向振速，可通过式（3.3）推导得出；$\boldsymbol{p}_s$ 为子声源 s 表面的声压向量。法向振速向量 $\boldsymbol{v}_{\mathrm{ni}}$，$\boldsymbol{v}_{\mathrm{nc}}$，$\boldsymbol{v}_{\mathrm{nb}j}$，$\boldsymbol{v}_{\mathrm{nb}k}$ 可分别通过式(2.10)~式(2.20)、式（2.21）~式（2.26）、式（2.27）~式（2.36）、式（2.37）~式（2.43）求得，各子声源至场点 x 的声辐射如图 3.1 所示。

图 3.1 中，在场点 x 处，分别有来自内圈、保持架、滚动体的声辐射 $p_{\mathrm{i}}\left(x\right)$，$p_{\mathrm{c}}\left(x\right)$，$p_{\mathrm{b}j}\left(x\right)$，$p_{\mathrm{b}k}\left(x\right)$。矩阵 $\boldsymbol{A}$ 与 $\boldsymbol{B}$ 中元素可通过式（3.6）求得，从而获取构件表面节点声压向量。在 p 与 $\boldsymbol{v}_{\mathrm{n}}$ 已知的条件下，声场中任意场点 y 处声压可表示为

$$p_s\left(y\right)=\{\boldsymbol{a}_s\}^{\mathrm{T}}\left\{\boldsymbol{p}_s\right\}+\{\boldsymbol{b}_s\}^{\mathrm{T}}\left\{\boldsymbol{v}_{\mathrm{n}s}\right\} \tag{3.10}$$

式中，$p_s\left(y\right)$ 表示由声源 s 辐射至场点 y 处的声压。根据声场叠加原理，可得声源外自由空间内固定场点处全陶瓷轴承辐射噪声结果为[11-13]

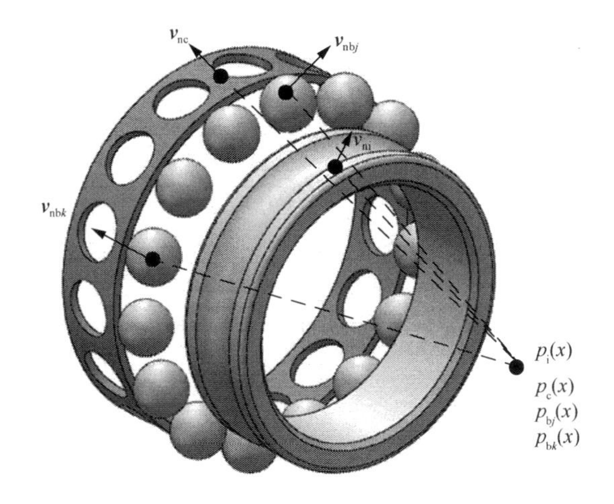

图 3.1　各子声源声辐射示意图

$$p(x)=\sum p_s(x)=\boldsymbol{a}_{\mathrm{i}}^{\mathrm{T}}\cdot\boldsymbol{p}_{\mathrm{i}}+\boldsymbol{b}_{\mathrm{i}}^{\mathrm{T}}\cdot\boldsymbol{v}_{\mathrm{ni}}+\boldsymbol{a}_{\mathrm{c}}^{\mathrm{T}}\cdot\boldsymbol{p}_{\mathrm{c}}+\boldsymbol{b}_{\mathrm{c}}^{\mathrm{T}}\cdot\boldsymbol{v}_{\mathrm{nc}}+\sum_{j=1}^{M}\left(\boldsymbol{a}_{\mathrm{b}j}^{\mathrm{T}}\cdot\boldsymbol{p}_{\mathrm{b}j}+\boldsymbol{b}_{\mathrm{b}j}^{\mathrm{T}}\cdot\boldsymbol{v}_{\mathrm{nb}j}\right)+\sum_{k=1}^{N-M}\left(\boldsymbol{a}_{\mathrm{b}k}^{\mathrm{T}}\cdot\boldsymbol{p}_{\mathrm{b}k}+\boldsymbol{b}_{\mathrm{b}k}^{\mathrm{T}}\cdot\boldsymbol{v}_{\mathrm{nb}k}\right)\tag{3.11}$$

式中，$\boldsymbol{a}_s$ 与 $\boldsymbol{b}_s$ (s可取i,c,bj,bk)为与声源、振源表面状况与场点位置相关的插值影响系数矩阵，可通过式（3.9）求得。x 点声压级与声压的关系为

$$S(x)=20\lg\frac{p(x)}{p_{\mathrm{ref}}}\tag{3.12}$$

式中，$p_{\mathrm{ref}}=2\times10^{-5}\mathrm{Pa}$ 为参考声压，由式（3.11）可知，全陶瓷轴承总辐射噪声为各子声源辐射噪声叠加结果，通过对各子声源特性及辐射规律进行求解，可得到总辐射噪声分布。由于外圈在轴承动力学模型中为固定元件，因此外圈与滚动体之间的摩擦、撞击产生噪声可等效为滚动体辐射噪声的一部分。该方法相比传统方法计算尺度更小，求解过程更细致。

3.3　全陶瓷轴承与传统滚动轴承辐射噪声计算结果对比与分析

3.3.1　单场点处声压级对比与分析

为检验子声源分解理论的计算效果，并比较前文建立的考虑滚动体球径差的全陶瓷轴承动力学模型与不考虑滚动体球径差的传统动力学模型的计算结果，选定轴承型号与工况参量进行算例分析。假设各构件运行状况良好无故障，轴承尺寸与表 2.1 中所示相同，滚动体公称直径为 4.5mm，球径差幅值为 0.01mm，滚动体球径变化范围为 4.495~4.505mm，各滚动体球径取值参照图 2.13~图 2.14。保持架材料为酚醛树脂，其密度为 1.4g/cm^3，弹性模量 215MPa，轴承内外圈与滚动体材料为氮化硅陶瓷，其密度为 3.0g/cm^3，弹性模量 200GPa。场点布置在垂直于轴承轴线并且与轴承端面距离为 l 的平面内，场点呈圆形排列，直径为 d，如图 3.2 所示。

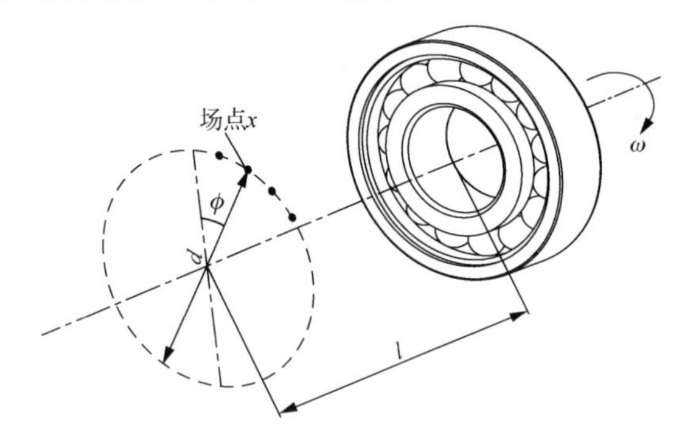

图 3.2　场点布置示意图

将轴线正上方设为 0°，场点偏移 0° 方向角度设为ϕ，则场点处声压级为其位置参数的函数

$$S(x)=f(\omega,l,\varphi,d) \tag{3.13}$$

式中，$S(x)$表示场点 x 处声压级，将场点平面固定为 l=100mm，d=0，则场点位于轴承轴线上，距离轴承端面 100mm。应用子声源分解理论分别基于本节中提出的全陶瓷轴承动力学模型与传统轴承动力学模型对轴承辐射噪声进行计算，轴承转速变化范围为 15000~40000r/min，计算步长为 1000r/min，施加在轴承上的外力只有轴向预紧力 F_a=1500N，不考虑转速波动对轴承运转的影响，轴承径向载荷忽略不计，计算结果如图 3.3 所示。

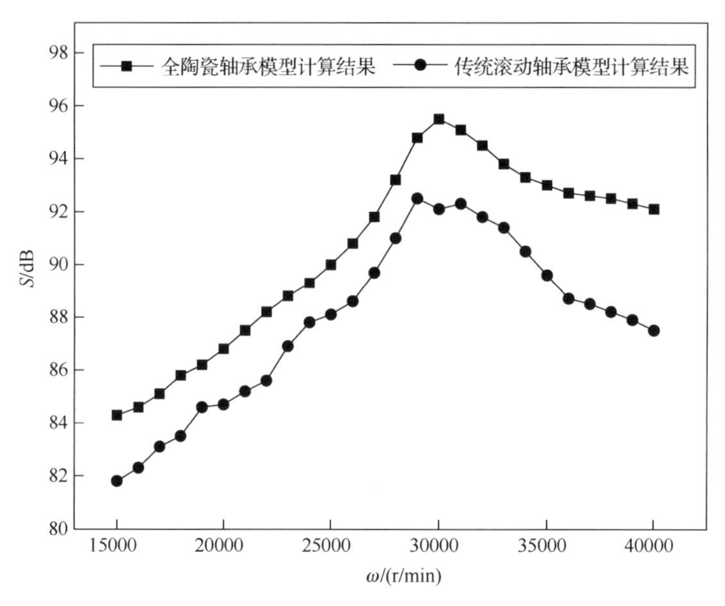

图 3.3 单场点处全陶瓷轴承模型计算结果与传统滚动轴承模型计算结果对比

图 3.3 中，矩形图例所示为考虑球径差的全陶瓷轴承模型计算结果，圆形图例所示为采用不考虑球径差的传统滚动轴承模型计算结果。可以看出，应用全陶瓷轴承模型的声压级计算结果更大，且在转速范围内声压级变化幅度更大。考虑球径差的全陶瓷轴承模型计算结果最大值出现在 30000r/min，且峰值转速声压级明显高于其他转速，而不考虑球径差的传统滚动轴承模型计算结果最大值出现在 29000r/min，在峰值转速附近存在多个相近声压级，峰值表现不明显。随着转速进一步上升，采用传统滚动轴承模型进行计算的声压级结果下降幅度大于全陶瓷轴承模型计算结果。由计算结果可以看出，考虑球径差对辐射噪声峰值对应转速的计算结果影响不大，而对辐射噪声幅值有较大影响，且考虑球径差与不考虑球径差的声压级差异随转速上升而增大。两计算结果在 24000r/min 时差距最小，为 1.5dB，在 40000r/min 时差距最大，为 4.6dB。这是由于考虑球径差对全陶瓷轴承振声特性影响的条件下，承载滚动体个数减少，分担到每个承载滚动体上的运转载荷大大增加，使得承载滚动体与内外圈之间的摩擦、非承载滚动体与内外圈之间的撞击作用加剧，因而辐射噪声增大。而通过临界转速后，虽然结构动响应幅值由于远离共振频率而下降，但摩擦与撞击作用随转速上升而进一步加剧，因此噪声总幅值下降不明显。

3.3.2　环状场点阵列处声压级计算结果对比与分析

考虑球径差后，承载滚动体数量减少，承载滚动体与轴承套圈接触区域缩小，承载滚动体位置对全陶瓷轴承辐射噪声声场分布情况有较大影响。而且由前文计算得知，考虑滚动体球径差的轴承套圈受力计算结果在圆周方向上变化明显，而辐射噪声对振动变化的灵敏度较高，即使是细微的振动差别也会在噪声信号中得到明显反映。因此，声压级在周向方向可能存在较大差异，需要对噪声周向分布进行细致研究。将场点布置于 d=460mm 的场点圆环上，对圆环上场点的周向声压级差异进行研究。取轴承转速为 30000r/min，逆时针旋转。设轴承正上方 12 点钟方向为 0°，计算步长为$\Delta\phi$=12°，角度逆时针增大，与轴承旋转方向相同，其余工况与 3.3.1 节相同，则全陶瓷轴承模型计算结果与传统滚动轴承模型计算结果如图 3.4 所示。

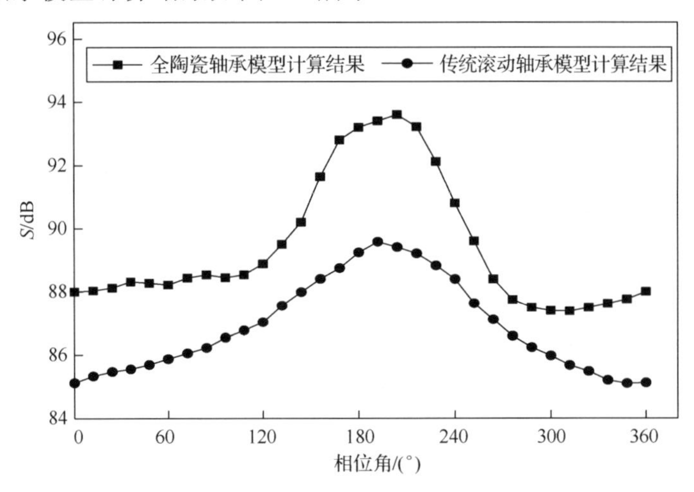

图 3.4　环形场点处计算结果对比

图 3.4 中，矩形图例所示为考虑球径差的全陶瓷轴承模型计算结果，圆形图例所示为不考虑球径差的传统滚动轴承模型计算结果。可以看出，与前文结论类似，考虑球径差的全陶瓷轴承辐射噪声计算结果更大，且在周向方向上存在较大差异。考虑球径差的模型周向辐射噪声最大值为 93.6dB，位于 204°，平均值为 89.44dB，不考虑球径差的模型计算结果最大值为 89.58dB，位于

192°，平均值为 86.93dB。考虑球径差的模型计算结果在周向差异达到 6.22dB，而不考虑球径差的模型计算结果周向差异仅为 4.48dB。不考虑球径差的模型计算结果近似于轴对称，而考虑球径差的模型在 0°~120° 与 240°~360° 区间变化情况有明显差异，主要体现为不考虑球径差的模型在圆周方向上随相位角增大为均匀增大、减小，而考虑球径差的模型最大值、最小值并不出现在轴承正上方、正下方，且在最大声压级对应相位角两侧声压级变化速率不同。

辐射噪声与构件之间相互作用情况密切相关，其周向分布受承载滚动体位置直接影响。当轴承竖直放置时，承载滚动体同时受牵引力与重力作用，使得承载滚动体位置位于轴承斜下方，偏向转动方向。承载滚动体与非承载滚动体之间受力相差较大，承载滚动体与内外圈之间摩擦剧烈，产生较大摩擦噪声。因此承载滚动体与非承载滚动体辐射噪声相差较大，而内外圈与承载滚动体接触位置同样有较大声辐射。当使用子声源分解理论对轴承辐射噪声进行计算时，与承载滚动体对应相位角处辐射噪声叠加结果与其余角度处声压级结果有较大差距。综合以上结果可以看出，考虑球径差因素对轴承辐射噪声计算结果影响较大，导致辐射噪声在周向呈现较大差异性，与不考虑球径差的传统滚动轴承模型有很大不同，这些差异证明滚动体实际承载情况对轴承振声特性有重要影响，具体影响情况与变化规律有待进一步研究。

3.4 不考虑球径差的内圈辐射噪声贡献计算

为了更好地揭示轴承辐射噪声产生机理，首先在子声源分解理论的基础上对传统模型下各子声源辐射噪声进行计算。假设轴承空载运转，所受唯一外力为轴向预紧力 F_a=1500N，取 l=100mm、d=0 处为参考场点 A，对各构件辐射噪声频域特性进行计算。计算频率范围为 0~5000Hz，频率步长为 20Hz。轴承型号选取 7009C，其结构参数如表 3.1 所示。

表 3.1　7009C 全陶瓷球轴承结构参数

结构参数	取值
外圈外径/mm	75
外圈内径/mm	66.5
轴承宽度/mm	16
保持架外径/mm	65
保持架内径/mm	62.1
保持架孔径/mm	10
保持架宽度/mm	14.75
内圈外径/mm	54.2
内圈内径/mm	45
滚动体个数	15
滚动体公称直径/mm	9.5
初始接触角/（°）	15

各构件特征频率是辐射噪声频域结果中的重要成分，并可用下式表示：

$$\begin{cases} f_{\mathrm{c}} = f_{\mathrm{r}} \cdot \dfrac{1 - \dfrac{D_{\mathrm{n}}}{d_{\mathrm{m}}} \cdot \cos\alpha_{\mathrm{n}}}{2} \\ f_{\mathrm{b}} = f_{\mathrm{r}} \cdot \dfrac{d_{\mathrm{m}}}{D_{\mathrm{W}}} \cdot \dfrac{1 - \left(\dfrac{D_{\mathrm{n}}}{d_{\mathrm{m}}} \cdot \cos\alpha_{\mathrm{n}}\right)^2}{2} \\ f_{\mathrm{i}} = N \cdot f_{\mathrm{r}} \cdot \dfrac{1 + \dfrac{D_{\mathrm{n}}}{d_{\mathrm{m}}} \cdot \cos\alpha_{\mathrm{n}}}{2} \\ f_{\mathrm{o}} = N \cdot f_{\mathrm{r}} \cdot \dfrac{1 - \dfrac{D_{\mathrm{n}}}{d_{\mathrm{m}}} \cdot \cos\alpha_{\mathrm{n}}}{2} \end{cases} \tag{3.14}$$

式中，f_{r} 表示轴承转动频率；$f_{\mathrm{c}}, f_{\mathrm{b}}, f_{\mathrm{i}}, f_{\mathrm{o}}$ 分别表示保持架、滚动体、内圈滚道与外圈滚道的特征频率；α_{n} 表示法向接触角，这里为 15°；D_{n} 为滚动体公称直径；N 为滚动体个数，这里取 N=15。可以看出，轴承各构件特征频率均与转速成正比，当转速设为 15000r/min、20000r/min、25000r/min、30000r/min

时，各构件的特征频率如表 3.2 所示。

表 3.2 轴承转速与各构件特征频率

轴承转速/（r/min）	f_r /Hz	f_c /Hz	f_b /Hz	f_i /Hz	f_o /Hz
15000	250.00	108.44	840.26	2123.36	1626.64
20000	333.33	144.59	1120.33	2831.12	2168.83
25000	416.67	180.74	1400.44	3538.97	2711.08
30000	500.00	216.88	1680.51	4246.73	3253.27

在计算中假定内圈为轴承驱动元件，且与轴紧密固连，忽略内圈与轴之间连接刚度与转动相位延迟，在场点 A 处内圈辐射噪声频域结果如图 3.5（a）~（d）所示。

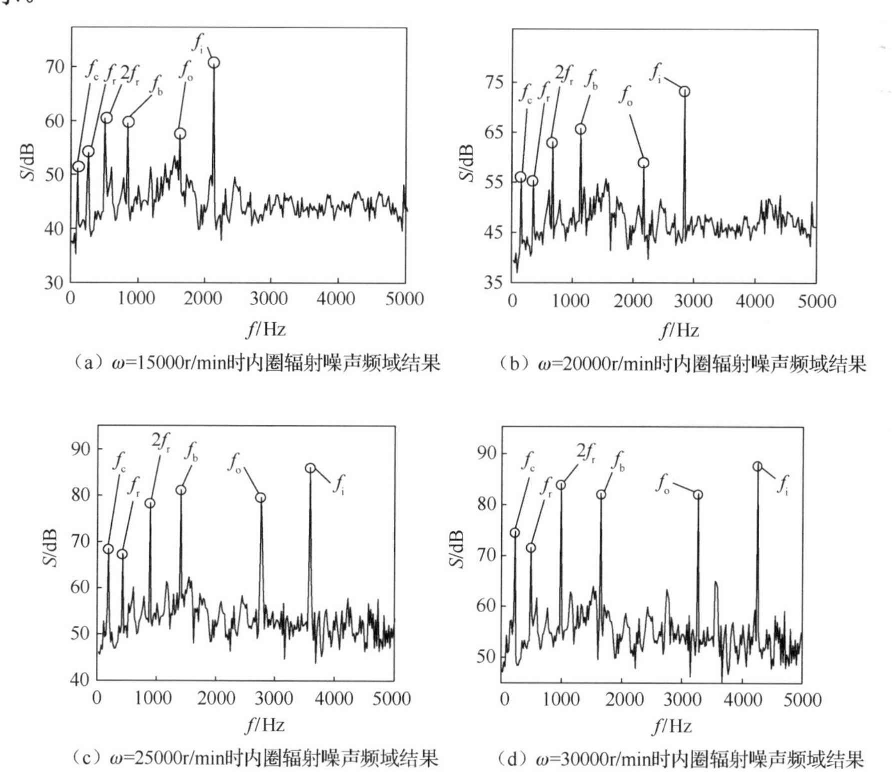

（a）ω=15000r/min时内圈辐射噪声频域结果
（b）ω=20000r/min时内圈辐射噪声频域结果
（c）ω=25000r/min时内圈辐射噪声频域结果
（d）ω=30000r/min时内圈辐射噪声频域结果

图 3.5 不同转速时内圈辐射噪声频域结果

图 3.5（a）~（d）分别为转速为 15000r/min、20000r/min、25000r/min、30000r/min 时内圈辐射噪声计算结果。可以看出，内圈辐射噪声幅值随转速上

升而逐渐增大，并在中低频段有明显频率成分出现。每个转速下频域结果有明显频率峰值六处，分别为转动频率、二倍频及各构件特征频率。随着转速上升，峰值频率朝高频方向移动，且峰值频率之间间隔增大。不同特征频率对内圈辐射噪声的贡献不同，且随着转速上升变化趋势也有较大差异。其中，f_i直接影响内圈滚道的表面振动，对辐射噪声的贡献最大；f_b对内圈辐射噪声的贡献小于f_i，但比f_c与f_o都大，这是滚动体与内圈滚道直接接触，传递表面振动时损失最小的缘故；由于保持架柔性较大，且振动传递路径较长，因此f_c在内圈辐射噪声频域结果中贡献较小，但随着轴承转速上升，保持架声辐射贡献量迅速上升；与其余特征频率变化幅度相比，f_r与$2f_r$频率成分变化幅度较小，表明转速相关频率成分对内圈辐射噪声贡献比较稳定，且内圈声辐射主要贡献量为各构件特征频率成分。

3.5　不考虑球径差的保持架辐射噪声频域分析

假设保持架安装无偏差，无早期故障，忽略安装误差与形状误差对轴承振声特性产生的影响，则不同转速时保持架辐射噪声频率曲线如图3.6（a）~（d）所示。

图3.6（a）~（d）分别为转速为15000r/min、20000r/min、25000r/min、30000r/min时保持架辐射噪声计算结果。可以看出，每个频率曲线图中均有三个明显峰值，分别对应f_c、f_r与f_b，与内圈辐射噪声相比特征频率减少。这是由于保持架在运转过程中仅与滚动体接触，而与内圈、外圈不接触，因此内圈对应的转动特征频率未通过振动传递给保持架。当转速上升时，三个峰值频率向高频方向移动，且频率间距增大。由于f_c与保持架振动情况直接相关，因此f_c为保持架声辐射中主要频率成分。随着转速的上升，f_c频率成分对保持架辐射噪声的贡献量同样呈现非线性增长。与f_c相比，当转速上升时f_r与f_b频率成分增长呈现线性变化趋势，且增长速度较慢。其余500Hz以下频率成分贡献量随转速上升而减小，500Hz以上频率成分贡献量随转速上升而增大。f_b频率成分变化量随转速改变较小，证明虽然滚动体与保持架直接接触，但其对

保持架振声特性影响量变化不大。这是由于保持架柔性较大，对撞击振动具有较强的吸收作用，因此滚动体特征频率在保持架辐射噪声中表现不明显，变化幅度较小。

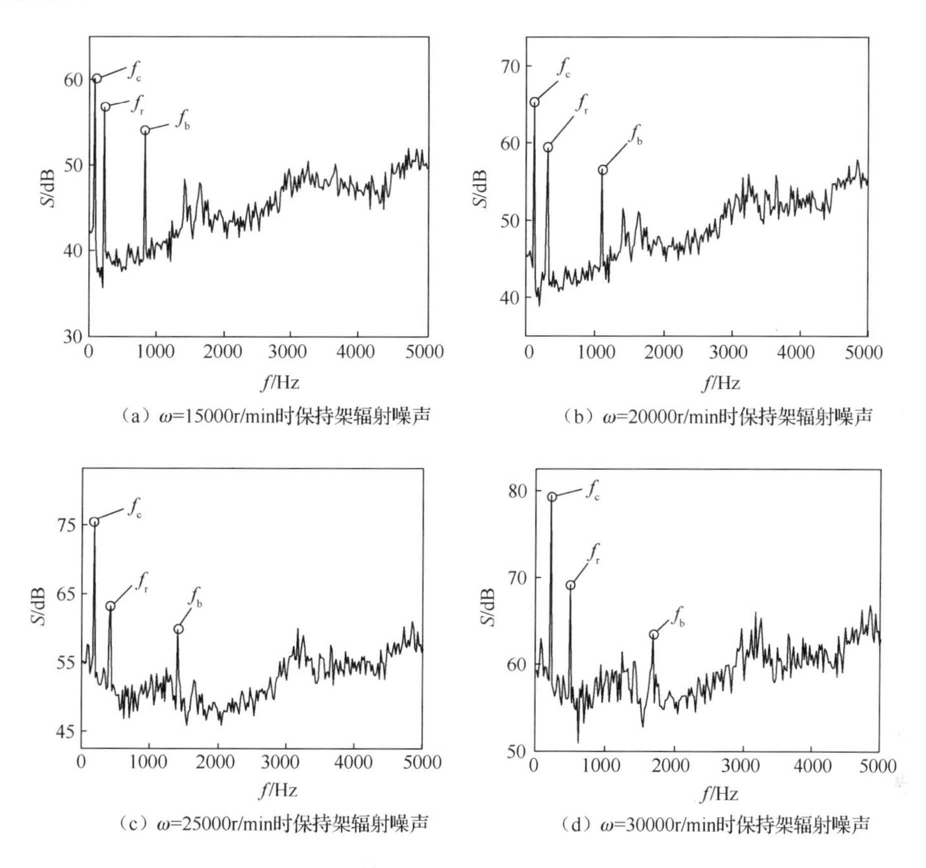

（a）ω=15000r/min时保持架辐射噪声　（b）ω=20000r/min时保持架辐射噪声

（c）ω=25000r/min时保持架辐射噪声　（d）ω=30000r/min时保持架辐射噪声

图 3.6　不同转速时保持架辐射噪声频域结果

3.6　不考虑球径差的滚动体辐射噪声频域分析

假设轴承安装过程中各滚动体均妥善安装，各滚动体采用各项物理性质相同的各向同性材料制成，且无初始故障。此处滚动体辐射噪声指承载滚动体与非承载滚动体辐射噪声之和，各滚动体辐射噪声叠加结果如图 3.7（a）~（d）所示。

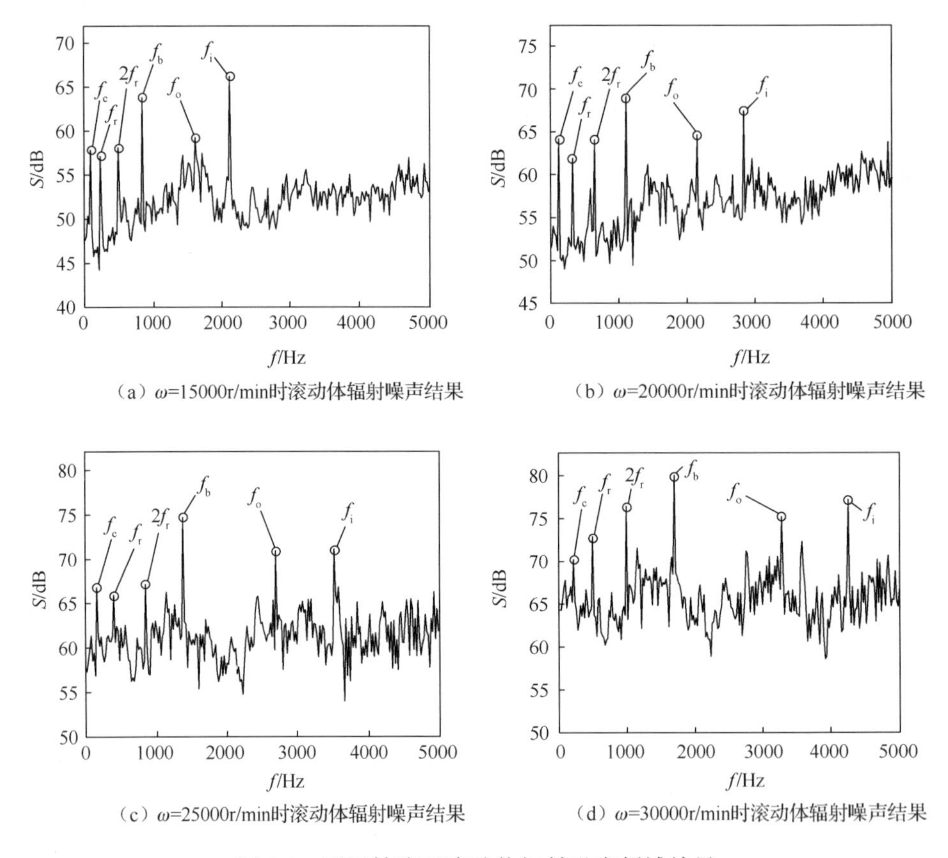

（a）ω=15000r/min时滚动体辐射噪声结果　（b）ω=20000r/min时滚动体辐射噪声结果

（c）ω=25000r/min时滚动体辐射噪声结果　（d）ω=30000r/min时滚动体辐射噪声结果

图 3.7　不同转速下滚动体辐射噪声频域结果

图 3.7（a）~（d）分别为转速为 15000r/min、20000r/min、25000r/min、30000r/min 时的滚动体辐射噪声计算结果。与图 3.5 及图 3.6 相比，滚动体辐射噪声频域结果更为复杂，图 3.7 中主要峰值频率与图 3.5 中相同，但变化趋势有所差异。f_c 频率成分依然呈现非线性变化趋势，而随着转速的上升，f_c 贡献量在滚动体总辐射噪声中比重减少。转速相关频率 f_r 与 $2f_r$ 噪声成分在低速工况下不明显，但从 25000r/min 到 30000r/min 时有明显的增长。

此外，可以看出，f_b 频率成分在滚动体声辐射中贡献最大，且随着转速的上升呈现稳定增长。f_i 对滚动体声辐射影响量要大于 f_o，但 f_i 与 f_o 声辐射幅值差距随转速上升而减小。这是由于在低速工况下，滚动体与内圈接触一侧刚度较小，因而其振幅较大，辐射噪声较大，而随着转速升高，滚动体所受离心力增大，与外圈直接挤压、摩擦效应加剧，因此 f_o 对滚动体振声特性影响增大。

3.7　考虑球径差的内圈辐射噪声分析

通过对比图 3.5~图 3.7 中计算结果可以看出，内圈辐射噪声计算结果相对外圈与滚动体更大，这是由于内圈与滚动体接触频繁，作为单个元件承受大量载荷。在考虑球径差与不考虑球径差的动力学模型中，内圈动态特性差别最大，而其他元件动态特性差别较小，因此在考虑滚动体球径差对轴承构件的辐射噪声情况进行计算过程中，内圈辐射噪声也与传统模型相差最大，这里仅选取内圈辐射噪声进行代表性研究。

轴承型号仍选用 7009C，取滚动体个数为 N=17，其余结构参数与表 3.1 中相同。其球径差幅值为 0.02mm，各滚动体球径如表 3.3 所示。

表 3.3　各滚动体球径取值

滚动体编号	球径/mm	滚动体编号	球径/mm	滚动体编号	球径/mm	滚动体编号	球径/mm
1	9.5087	6	9.4917	11	9.4947	16	9.4902
2	9.4917	7	9.5093	12	9.4908	17	9.5077
3	9.5012	8	9.5020	13	9.5044	—	—
4	9.5004	9	9.4933	14	9.4951	—	—
5	9.4953	10	9.5096	15	9.4926	—	—

当轴承运转时，滚动体公转速度与保持架转速一致，而保持架转动频率可通过式（3.14）求出。由于滚动体球径差较小，在对 f_c 的计算中代入不同滚动体球径得到的结果区分度不大，因此代入滚动体公称直径即可。对于传统钢制轴承，目前广泛认为轴承下方 120° 至 240° 区间为承载区间，如图 3.8 所示。

在式（3.14）中，承载区间内所有滚动体可视为均匀承载，即承载滚动体个数为 $N/3$。当考虑滚动体球径差的影响时，承载滚动体数量仅可能为 1、2、3，如图 3.9 所示。

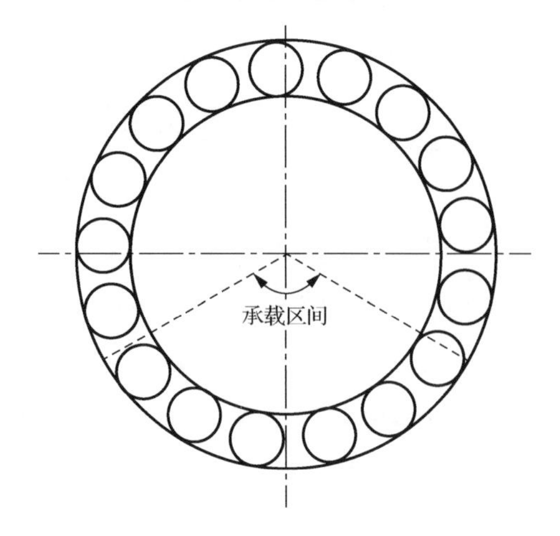

图 3.8　承载区间示意图

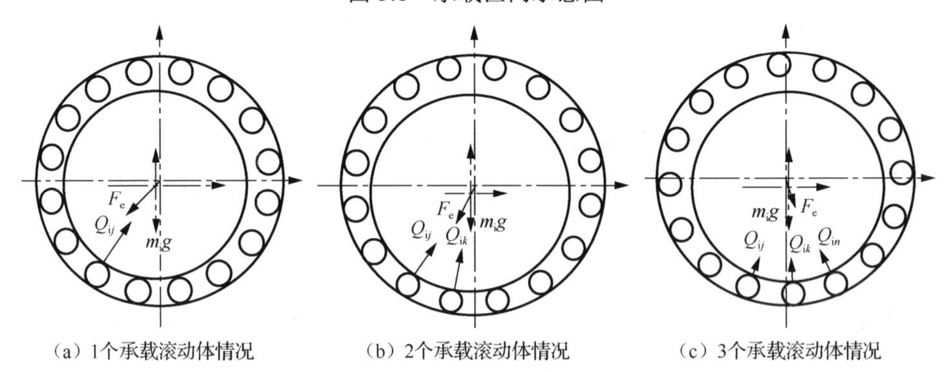

图 3.9　不同数量的承载滚动体示意图

如果滚动体视为均载，保持架带动滚动体公转时有 $N/3$ 个滚动体与内圈接触，特征频率为 f_c，因此当滚动体视为不均载时，单个承载滚动体情况对应的特征频率为

$$f_c' = \frac{3f_c}{N} \tag{3.15}$$

相应地，两个承载滚动体与三个承载滚动体对应的特征频率分别为 2 f_c' 与 3 f_c'。这里选取轴承转速为 9000r/min，则对应的转动频率 f_r 为 150Hz，单个承载滚动体特征频率 f_c' 为 11.37Hz。轴向预紧力设为 500N，径向载荷为 100N。频率分析区间为 0~1000Hz，分析步长为 2Hz，则考虑滚动体球径差的内圈振动速度计算结果如图 3.10 所示。

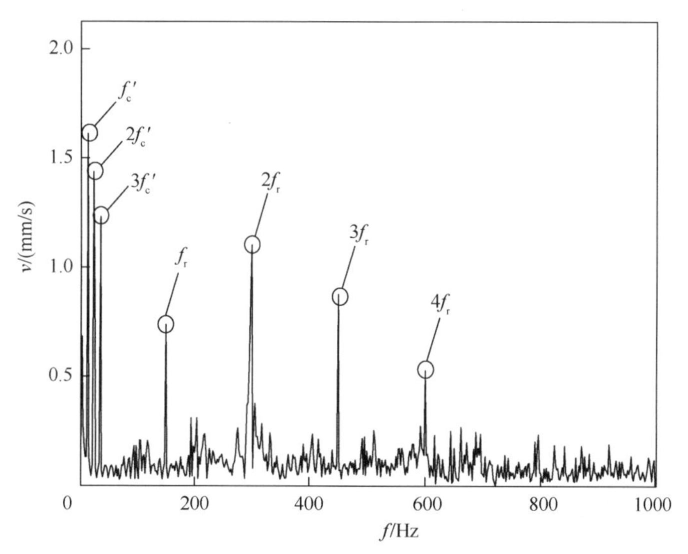

图 3.10 考虑滚动体球径差的内圈振动速度计算结果

由图 3.10 的计算结果可以看出，内圈振动速度主要与 f_r 和 f_c' 相关，其他频率成分表现不明显。与 f_c' 相关的频率成分幅值明显高于 f_r 对应的频率成分，说明不均匀承载特性对轴承套圈振动情况影响很大。f_c' 对应的频率成分幅值比 $2f_c'$ 与 $3f_c'$ 对应的频率成分大，说明单个承载滚动体情况出现频率更高，对内圈振动影响更大。在轴承转速对应的特征频率方面，可以看到比较明显的有 f_r、$2f_r$、$3f_r$ 与 $4f_r$，更高阶的表现不明显，而对承载滚动体接触频率而言，$3f_c'$ 以上的特征频率在结果中并未体现，这也从侧面证明了承载滚动体最多只能出现 3 个，而不存在 4 个的情况。为进一步研究各特征频率的变化规律，需要选取多组轴承转速，在各转速时轴承运转频率与承载滚动体接触频率取值如表 3.4 所示。

表 3.4 不同转速时轴承运转频率与承载滚动体接触频率

轴承转速 /（r/min）	f_r/Hz	f_c'/Hz
6000	100	7.58
9000	150	11.37
12000	200	15.16
15000	250	18.94
18000	300	22.73

续表

轴承转速 /（r/min）	f_r/Hz	f_c' /Hz
21000	350	26.52
24000	400	30.31
27000	450	34.10

在不同转速时，对全陶瓷轴承内圈振动速度进行计算，并通过快速傅里叶变换（fast Fourier transform, FFT）获取其频域结果，各频域成分幅值变化情况如图 3.11 所示。

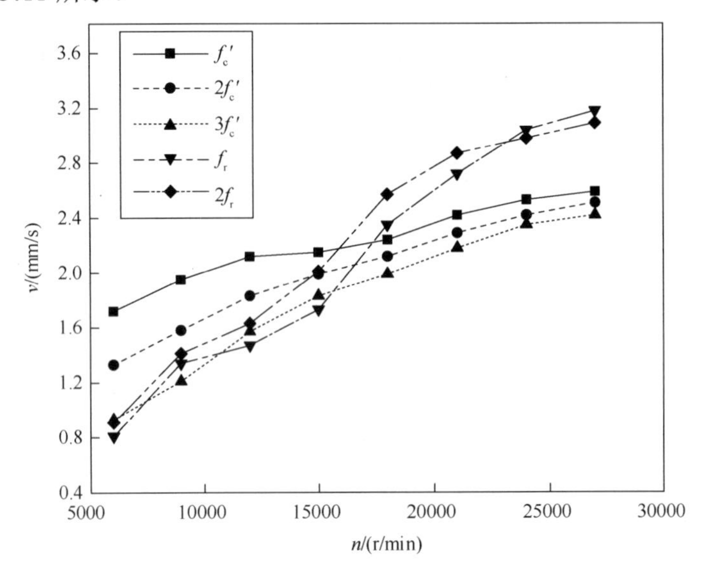

图 3.11　不同转速时各频域成分变化情况

由图 3.11 中计算结果可以看出，与 f_c' 和 f_r 相关的频率成分幅值随着轴承转速的上升均呈现递增趋势，转动频率相关频率幅值随着转速上升增长较快，在 15000r/min 附近有一个迅速增长的突变，而承载滚动体接触频率随转速上升增长较慢。随着转速的上升，滚动体与内圈之间的相互作用急剧增加，因此 f_r 与 $2f_r$ 频率成分呈现明显变化。20000r/min 以上的高转速时转动频率相关频率振动成分大于承载滚动体接触频率相关频率成分，而在 15000r/min 以下的转速时承载滚动体接触频率贡献较大。此外，随着转速的上升，f_c'、$2f_c'$、$3f_c'$ 对应的频率成分幅值差距逐渐减小，这表明当转速上升时，滚动体离心力增大，压缩变形量增大，因此多个承载滚动体出现的概率有增大趋势。根据子声源分解理论，求得全陶瓷轴承辐射噪声声压级随转速的变化趋势如图 3.12 所示。

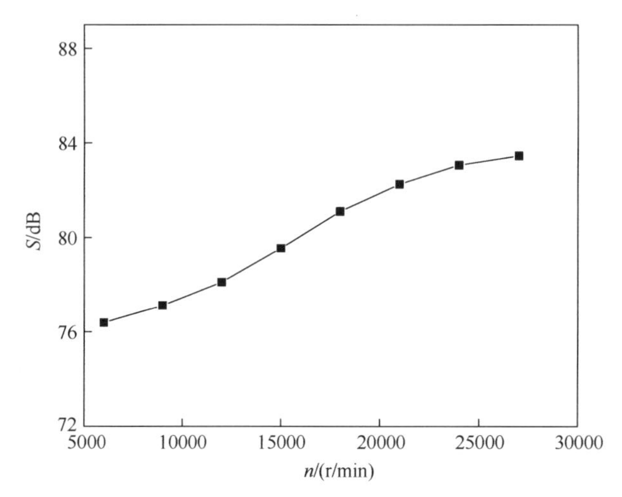

图 3.12　不同转速时全陶瓷轴承辐射噪声声压级变化情况

随着转速的不断上升，轴承辐射噪声呈现逐渐增大的趋势，在 15000r/min 附近增速较快，达到 25000r/min 后增长趋势减缓。其变化趋势与图 3.11 类似，变化速率介于图 3.11 中 f_r 与 f_c' 之间，证明全陶瓷轴承辐射噪声与内圈振动关系密切。同时受转动频率与承载滚动体接触频率成分影响，其变化趋势随 f_r 与 f_c' 的改变而改变。对于算法的计算精度问题，以及各结构参数与状态参量对轴承振动及辐射噪声的影响情况，需要通过实验与进一步变参分析进行研究。

参 考 文 献

[1] Mishra C, Samantaray A K, Chakraborty G. Ball bearing defect models: a study of simulated and experimental fault signatures[J]. Journal of Sound and Vibration, 2017, 400: 86-112.

[2] Cabboi A, Putelat T, Woodhouse J.The frequency response of dynamic friction: enhanced rate-and-state models[J]. Journal of the Mechanics and Physics of Solids, 2016, 92: 210-236.

[3] Kumara P, Narayanana S, Gupta S. Stochastic bifurcation analysis of a duffing oscillator with coulomb friction excited by poisson white noise[J]. Procedia Engineering, 2016, 144: 998-1006.

[4] 涂文兵. 滚动轴承打滑动力学模型及振动噪声特征研究[D]. 重庆:重庆大学, 2012.

[5] 赵键，汪鸿振，朱物华. 边界元法计算已知振速封闭面的声辐射[J]. 声学学报, 1989, 14(4): 250-257.

[6] Meehan P A, Liu X G. Modelling and mitigation of wheel squeal noise under friction modifiers[J]. Journal of Sound and Vibration, 2019, 440: 147-160.

[7] 张军，兆文忠，张维英. 结构声辐射有限元/边界元法声学-结构灵敏度研究[J]. 振动工程学报，2005, 18(3): 366-370.

[8] 李善德，黄其柏，张潜. 快速多级边界元方法在大规模声学问题中的应用[J]. 机械工程学报, 2011, 47(7): 82-89.

[9] Lin C G, Zou M S, Sima C, et al. Friction-induced vibration and noise of marine stern tube bearings considering perturbations of the stochastic rough surface[J]. Tribology International, 2019, 131: 661-671.

[10] Stolarski T A, Gawarkiewicz R, Tesch K. Acoustic journal bearing-performance under various load and speed conditions[J]. Tribology International, 2016, 102: 297-304.

[11] Bai X T, Wu Y H, Zhang K, et al. Radiation noise of the bearing applied to the ceramic motorized spindle based on the sub-source decomposition method[J]. Journal of Sound and Vibration, 2017, 410: 35-48.

[12] Bai X T, Wu Y H, Rosca I C, et al. Investigation on the effects of the ball diameter difference in the sound radiation of full ceramic bearings[J].Journal of Sound and Vibration, 2019, 450: 231-250.

[13] Tager O, Dannemann M, Hufenbach W A. Analytical study of the structural-dynamics and sound radiation of anisotropic multilayered fibre-reinforced composites[J]. Journal of Sound and Vibration, 2015, 342: 57-74.

4 全陶瓷轴承辐射噪声指向性研究

4.1 指向性研究意义

在前文中通过理论计算与实验研究发现，由于球径差的影响，全陶瓷轴承辐射噪声在周向方向呈现不均匀分布，在上半圆周内无明显变化，在下半圆周内出现明显波动，这一特性可被称为全陶瓷轴承辐射噪声的指向性。当某一方向上辐射噪声明显偏大时，会影响轴承甚至设备的整体噪声水平，说明该方向上摩擦、撞击剧烈，声源辐射强度大，长期演化必将影响其运行寿命。因此，辐射噪声指向性不仅是轴承声学特性的一项重要指标，还对其运行状态有着重大影响。轴承辐射噪声受转速、预紧力、径向载荷等多种因素影响，且在不同空间平面内、不同直径圆周上呈现不同分布。现有针对轴承辐射噪声指向性研究较少，且大多通过实验手段进行，无法得到辐射噪声指向性的变化趋势，对优化轴承声学特性指导意义较小。本章以前文建立的全陶瓷轴承声辐射模型为基础，首先对辐射噪声指向性的产生原因以及不同径向距离、不同轴向距离下分布情况进行推导与分析，之后改变运行工况，对轴承转速、轴向载荷、径向载荷等因素对指向性的影响情况进行研究，得出指向性的变化趋势。

国内外学者对于辐射噪声指向性问题已经开展了一系列研究，目前声音的指向性主要研究方向为麦克风采集声信号指向性[1,2]、薄板[3,4]与空腔辐射噪声指向性问题[5]。主要研究方法为理论结合实验，从能量的角度计算辐射噪声在不同角度上的分布情况[6,7]。本章对轴承辐射噪声指向性进行研究，对同一场点平面上辐射噪声的周向分布进行参数化表征，对于全陶瓷轴承的运行状态监测及服役性能优化具有重要意义。

4.2　场点半径对辐射噪声指向性影响分析

全陶瓷轴承辐射噪声指向性是其周向分布不均匀的具体表现，在不同半径场点圆周上表现不同。为研究场点半径对声辐射的影响情况，需在同一平面上建立不同同心环形场点阵列，对不同阵列上辐射噪声指向性进行分析，如图 4.1 所示。

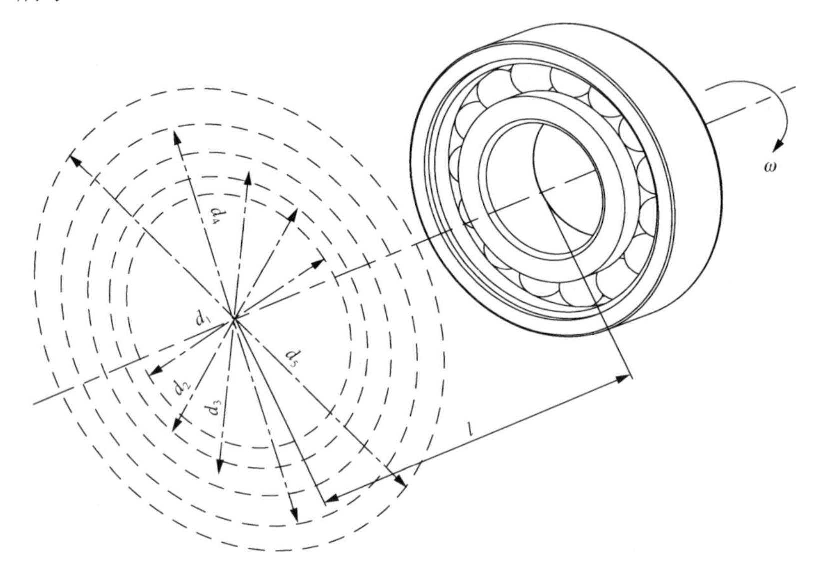

图 4.1　全陶瓷轴承辐射噪声指向性计算场点阵列

图 4.1 中，d_1,d_2,d_3,d_4,d_5 分别对应由小到大的五个同心阵列直径，每个阵列上周向均匀布置 30 个场点，相邻场点间隔 12°。为使研究不失一般性，并更准确地获取近场辐射噪声分布情况，此处场点平面与轴承端面距离 l=10mm，选取的全陶瓷轴承型号为 7009C，其结构参数与表 3.1 中相同。轴向预紧力 F_a 设为 1000N，轴承转速设为 15000r/min，阵列直径从小到大分别为 60mm、160mm、260mm、360mm、460mm。全陶瓷轴承运行润滑良好，忽略外界冲击对轴承运行情况产生的影响，不考虑滚道与滚动体表面粗糙度对轴承振动产生的影响，以本节中考虑球径差的全陶瓷轴承动力学模型与子声源分解理论为基础，对轴承周围空间内辐射噪声分布情况进行计算，则不同直径场点阵列上

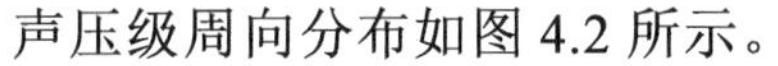
声压级周向分布如图 4.2 所示。

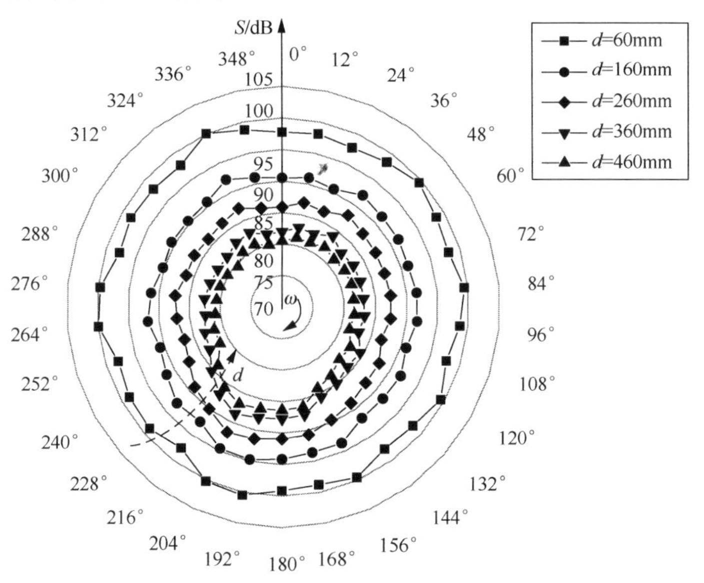

图 4.2　不同直径场点处全陶瓷轴承辐射噪声分布

由图 4.2 中可以看出，随着场点直径的增大，辐射噪声整体呈现下降趋势，但周向方向上下降不均匀。在 276° 至 84° 的上半圆周内，辐射噪声随场点直径增加衰减明显，而在 96° 至 264° 的下半圆周内衰减量较少。随着场点直径的增大，全陶瓷轴承辐射噪声的周向分布由相对均匀转为呈现明显指向性。辐射噪声指向性在场点直径较小时不明显，而在场点直径较大时变得明显。随着场点直径的进一步增加，辐射噪声指向性曲线的形状趋于稳定，而且在直径等量变化时（Δd=100mm）曲线之间的声压级差距减小。为量化辐射噪声指向性变化趋势，定义 $S_{\max}$ 为周向方向上声压级最大值，$S_{\min}$ 为周向方向上声压级最小值，G_s 为周向声压级变化量，可表示为

$$G_s = S_{\max} - S_{\min} \tag{4.1}$$

ϕ_m 为 $S_{\max}$ 对应的相位角，称为指向角，使用无量纲指向性参数 Ψ 来描述指向性的明显程度，可表示为

$$\Psi = G_s / \overline{S} \tag{4.2}$$

式中，$\overline{S}$ 为周向方向上声压级平均值，可表示为

$$\overline{S}=\frac{\sum_{i=1}^{N_f} S_i}{N_f} \tag{4.3}$$

其中，S_i为在第 i 个场点处的声压级，N_f为场点总个数。很明显，当指向性趋于明显时，Ψ增大。则反映辐射噪声指向性的量化参数变化趋势如图 4.3 所示。

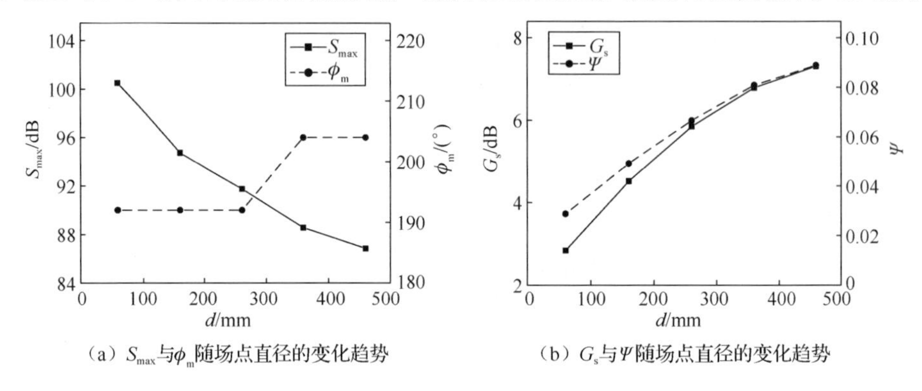

（a）S_{max}与ϕ_m随场点直径的变化趋势　（b）G_s与Ψ随场点直径的变化趋势

图 4.3　全陶瓷轴承辐射噪声量化参数随场点直径的变化趋势

图 4.3（a）中，实线方形图例所示为 S_{max} 变化趋势，虚线圆形图例为ϕ_m变化趋势，图 4.3（b）中，实线方形图例所示为 G_s变化趋势，虚线圆形图例为Ψ 变化趋势。可以看出，随着场点直径 d 的增大，S_{max} 逐渐下降，且下降速度逐渐放缓。在场点直径由 60mm 变化至 260mm 的过程中，ϕ_m 一直保持在 192°，而当 d 增大至 360~460mm 时，ϕ_m 增大到 204°，ϕ_m 的变化表明全陶瓷轴承声辐射指向角距离轴承正下方有一个向旋转方向偏移的角度，而随着场点直径的变化，该偏移角度有轻微的增大趋势。随着场点直径的变化，G_s 与 Ψ 的变化趋势相近，表明随着直径的增大，辐射噪声指向性有增强的趋势，而指向性变化率同样随着场点直径的进一步增大而变缓。

4.3　场点轴向距离对全陶瓷轴承辐射噪声指向性影响分析

全陶瓷轴承辐射噪声在空间中可沿轴向、径向传播，而不同轴向距离上的辐射噪声指向性是表征其辐射噪声轴向传播情况的重要指标。为研究轴向距离对辐射噪声指向性的影响情况，布置一系列不同轴向距离的场点平面，如图 4.4 所示。

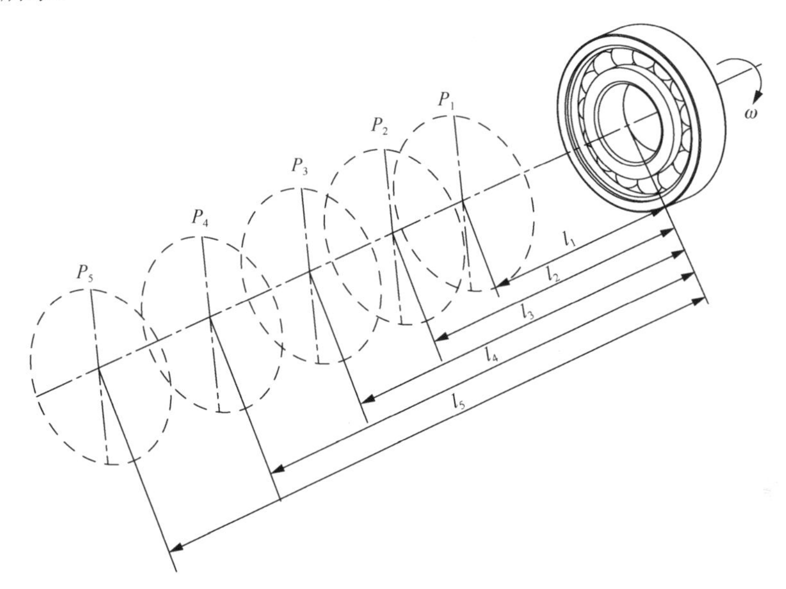

图 4.4 不同轴向距离的全陶瓷轴承辐射噪声场点平面布置

图 4.4 中，l_1,l_2,l_3,l_4,l_5 分别为平面 P_1,P_2,P_3,P_4,P_5 与全陶瓷轴承端面的不同轴向距离。依然选取环形场点阵列，分别选取轴承轴线与平面的交点为场点中心，场点排布与图 4.5 中相同，考虑前文研究结果，指向性随场点直径增大而趋于明显，因此选取场点直径 d=460mm。每个平面上均布 30 个场点，相邻场点之间角度间隔为 12°。轴向预紧力 F_a 设为 1000N，轴承内圈转速设为 15000r/min，场点平面与轴承端面轴向距离分别为 10mm、30mm、50mm、70mm、90mm。全陶瓷轴承型号依然为 7009C，其余条件与 4.2 节中相同，忽略外界冲击对轴承运转产生的影响，则不同轴向距离场点辐射噪声指向性如图 4.5 所示。

由图 4.5 可以看出，随着轴向距离的增大，辐射噪声呈现衰减规律，而由 72° 至 144° 的右半边场点和 244° 至 300° 的左半边场点变化量与 312° 至 60° 的上半边场点和 156° 至 288° 的下半边场点变化量相比较小。声压级指向性曲线形状随着轴向距离增大而趋向于圆形，指向性减弱。反映指向性的量化指标变化趋势如图 4.6 所示。

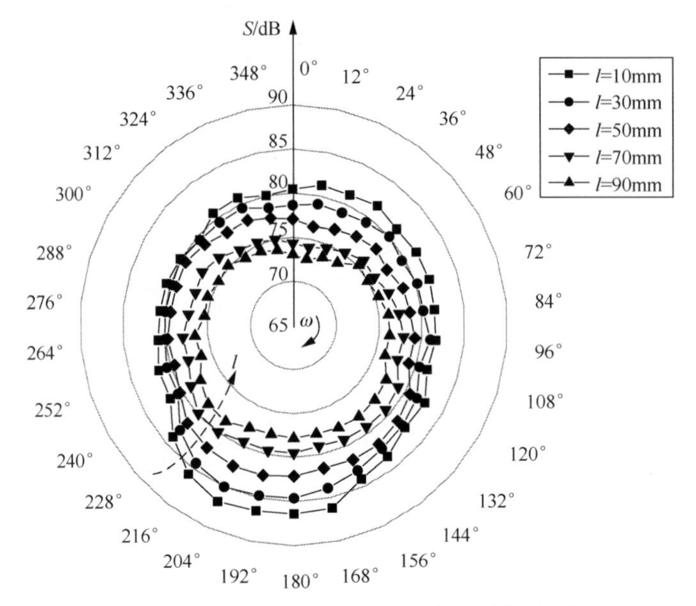

图 4.5　不同轴向距离场点辐射噪声指向性

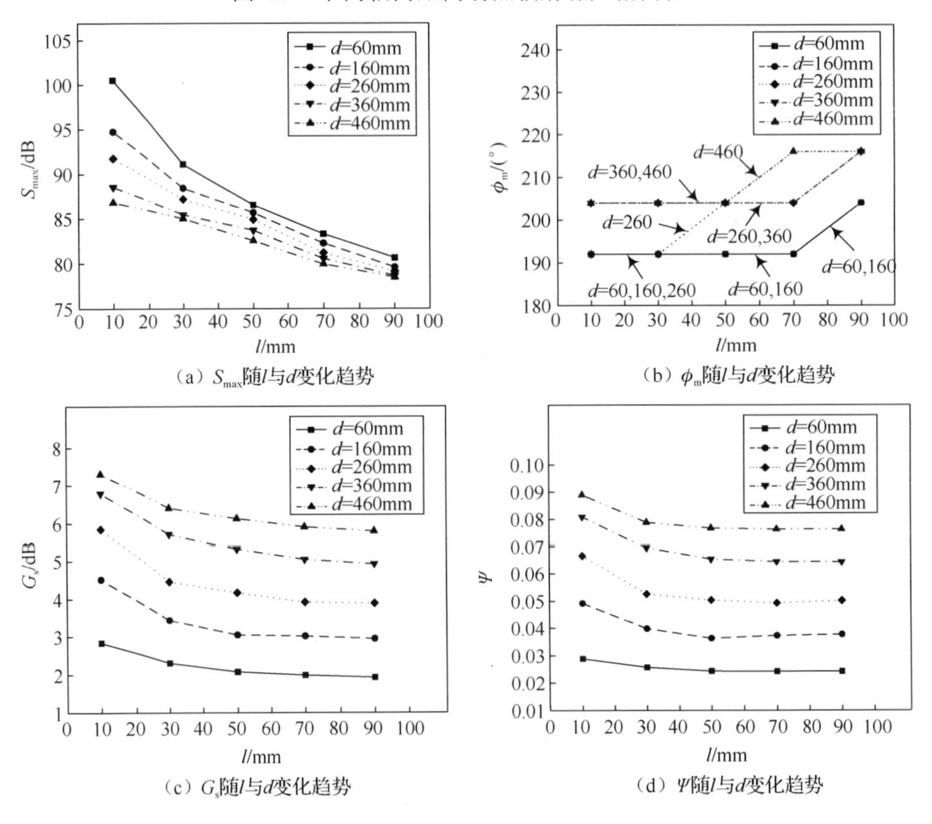

图 4.6　全陶瓷轴承辐射噪声量化参数随轴向距离与场点直径变化趋势

图 4.6（a）~（d）分别表示 S_{max},ϕ_m,G_s,Ψ随 l 与 d 变化趋势。可以看出，S_{max},G_s,Ψ随着轴向距离的增大而减小，而ϕ_m 随轴向距离增大而略微增大。当 $l \geqslant 70$mm 时，S_{max} 的变化量变得很小，且 S_{max} 在径向方向的变化量随 l 增大而减小。当 l=10mm 时，d=60mm 场点与 d=460mm 场点上最大声压级 S_{max} 之间的差距达到 13.66dB，而当 l=50mm 时这一差距迅速下降为 4dB，最终在 l=90mm 处降为 2.17dB。d=60mm 与 d=160mm 场点上ϕ_m 值相等，而在 d=260mm 场点上ϕ_m 变化范围由 192°达到 216°。随着轴向距离的增大，ϕ_m 向转动方向偏移，并在一些邻近直径场点上出现重叠现象。G_s 随 l 变化趋势逐渐减小，当 l 增大到 50mm 后Ψ的变化幅度很小，表明指向性变化可以忽略不计。辐射噪声指向性在近场 l=10mm，而在辐射噪声向远场方向传播过程中逐渐变得不明显，在 l=50mm 以外变化可以忽略不计，这一结论与图 4.5 中趋势吻合。

对比图 4.2、图 4.3 与图 4.5、图 4.6 中数据可知，场点直径与轴向距离对辐射噪声指向性分布有不同影响。当轴向距离固定为 10mm、场点直径变化 400mm 时，S_{max} 变化了 13.66dB，而当场点直径固定为 460mm、轴向距离变化 80mm 时，S_{max} 变化幅度为 19.85dB，表明全陶瓷轴承声辐射在径向方向上衰减幅度明显小于轴向方向。随着场点直径的不断增大，指向性在各个轴向距离上都变得更为明显，而随着轴向距离的增加，指向性有略微减弱的趋势。指向性与声压级变化趋势在径向方向相反，而在轴向方向相似。产生这种趋势的原因与各子声源的声辐射方向有关，全陶瓷轴承声辐射主要成分为径向辐射，球径差导致的周向滚动体与套圈不完全接触产生的 S_{max} 与 S_{min} 之间差距 G_s 随场点直径增大而增大，因此声辐射在径向方向上衰减较慢，且指向性有增强趋势。在轴向方向上，声辐射分量较小，由球径差导致的周向不均匀辐射效应对声场分布影响较小，因此辐射噪声在轴向方向上衰减较快，指向性也因此减弱。

根据图 4.3（a）与图 4.6（b），随着场点直径与轴向距离的增大，ϕ_m 有向轴承转动方向偏移的趋势。与 S_{max} 相比，ϕ_m 的变化幅度很小，变化速率也十分缓慢。由于在轴承工作过程中，轴承转速与其他工况参量保持不变，各子声源的辐射特性也是保持不变的，因此ϕ_m 发生改变表明声源辐射方向不仅在径向与轴向有分量，在切向方向也有分量。切向声辐射分量导致了指向角ϕ_m的改变，对全陶瓷轴承整体声学特性也有一定的影响。

4.4 场点频域结果变化规律研究

4.4.1 场点半径对声辐射频域结果的影响

由前文分析可知，由于全陶瓷轴承内部构件相互作用产生的声辐射在径向、轴向、切向均有分量，因此辐射噪声指向性在径向方向与轴向方向上有明显变化。图 4.2~图 4.6 中数据均为稳态工况下场点声压级，而轴承辐射噪声为各子声源声辐射的叠加结果，转动过程中的各特征频率随场点直径与轴向距离的变化情况对声辐射也有较大影响，因此需要对辐射噪声频域结果变化规律进行研究。由于前文得到的指向性结果在指向角ϕ_m处达到最大值，因此在频域分析中直接选择ϕ_m处声辐射结果进行时频变换，轴承转速依然选为15000r/min，分析频率上限为 5000Hz，计算频率间隔为 6.25Hz。将轴向距离固定为 l=10mm，场点直径分别设为 60mm、160mm、260mm、360mm 与460mm。不同场点直径上全陶瓷轴承辐射噪声频域结果如图 4.7 所示。

图 4.7 中，实线表示 d=60mm 处辐射噪声频域结果，虚线表示 d=160mm处辐射噪声频域结果，点线表示 d=260mm 处辐射噪声频域结果，点划线表示d=360mm 处辐射噪声频域结果，双点划线表示 d=460mm 处辐射噪声频域结果。可以看出，在不同场点处轴承的辐射噪声中，内部构件相关频率没有明显表现，频率曲线主要峰值频率为转速相关频率 f_r、$2f_r$、$3f_r$与 $4f_r$，转动频率f_r为 250Hz。峰值频率分布随场点直径变化不大，但各峰值频率处幅值变化较大。f_r、$2f_r$、$3f_r$与 $4f_r$频率成分的幅值随场点直径的变化规律如图 4.8 所示。

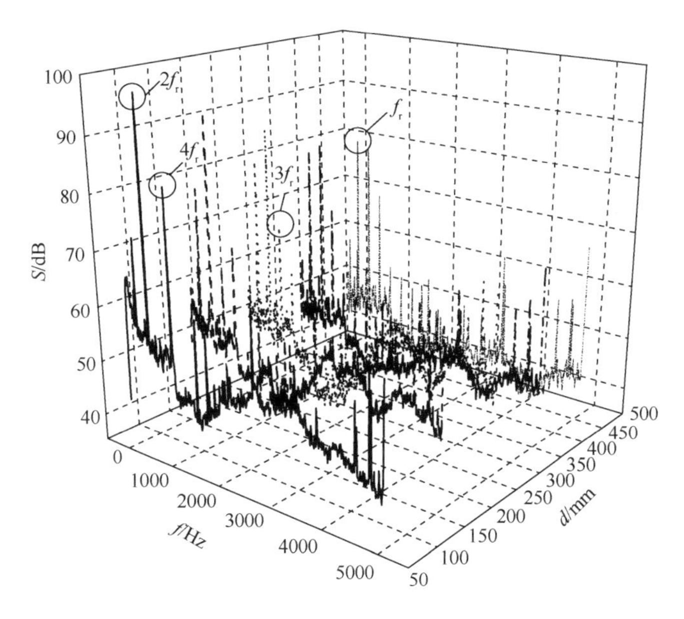

图 4.7 不同场点直径上全陶瓷轴承辐射噪声频域结果

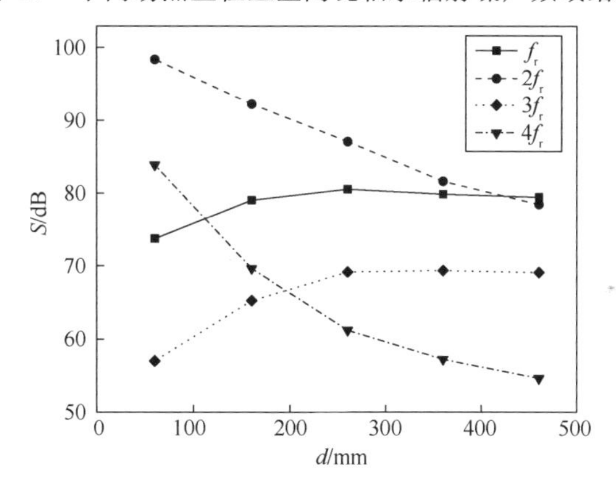

图 4.8 全陶瓷轴承辐射噪声中转速相关频率幅值随场点直径的变化趋势

由图 4.8 可以看出，随着场点直径 d 的增大，f_r 与 $3f_r$ 成分声压级增大，而 $2f_r$ 与 $4f_r$ 成分声压级减小，且 $3f_r$ 与 $4f_r$ 频率成分的声压级变化量比 f_r 与 $2f_r$ 频率成分大，随着场点直径进一步增大，各频率成分变化趋于平缓。在近场 d=60mm 至 d=400mm 范围内，$2f_r$ 都是辐射噪声中贡献最大的频率成分，但由于其幅值随着距离不断衰减，在远场 d=460mm 处贡献量小于 f_r。f_r 贡献量变化比较平缓，在 d=160mm 至 d=460mm 范围内一直处于 80dB 左右。在 d=360mm 以内的近场声场中，$3f_r$ 频率成分幅值较小，在辐射噪声频谱中表现不明显，但随着场点直径的增大，$3f_r$ 频率成分迅速增大并保持稳定，成为远场声辐射中主要成分。$4f_r$ 成分只在近场 d=60mm 处表现明显，而后迅速衰减，在远场声辐射中贡献较小，可以忽略。总体而言，f_r 与 $2f_r$ 还是径向远场声辐射中主要成分，其次是 $3f_r$，4 阶以上转速相关频率在选取场点中未体现明显贡献。

4.4.2 场点轴向距离对声辐射频域结果的影响

除场点直径外，场点与轴承的轴向距离对声辐射频域结果的影响同样显著。依然选取全陶瓷轴承转速为 15000r/min，选取 ϕ_m 角度处声压级信号进行分析。分析上限频率为 5000Hz，频率间隔 6.25Hz，场点轴向距离分别取为 10mm、30mm、50mm、70mm、90mm，场点直径设为 460mm，则不同轴向距离处声辐射频域结果如图 4.9 所示。

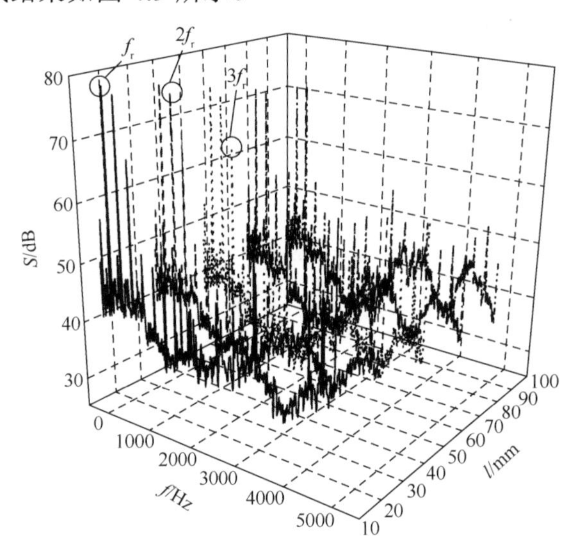

图 4.9　不同轴向距离处声辐射频域结果

图 4.9 中，实线所示为 l=10mm 处声辐射频域结果，虚线所示为 l=30mm 处声辐射频域结果，点线所示为 l=50mm 处声辐射频域结果，点划线所示为 l=70mm 处声辐射频域结果，双点划线所示为 l=90mm 处声辐射频域结果。在不同轴向距离的频率曲线中，可以看到主要峰值频率有 f_r、$2f_r$ 与 $3f_r$，与图 4.7 类似，转速相关频率仍是指向角位置处声辐射主要频率成分，而内部构件相关

频率表现不明显。f_r, $2f_r$, $3f_r$ 频率成分贡献值随轴向距离 l 的变化趋势如图 4.10 所示。

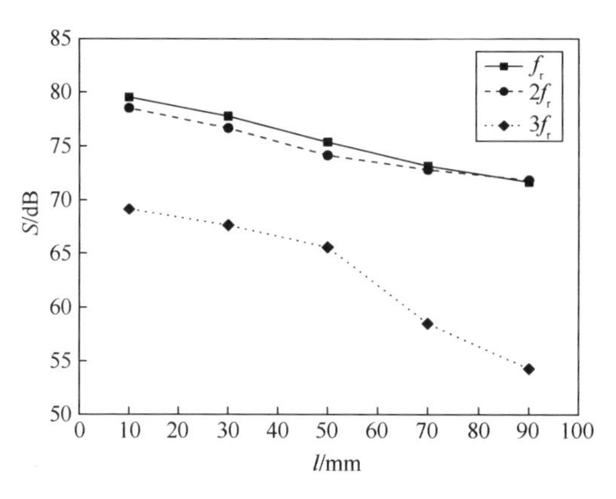

图 4.10 转速相关频率幅值随场点轴向距离变化趋势

图 4.10 中，可以看出，三个转速相关频率对总辐射噪声的贡献幅值都随轴向距离增大而减小。其中，在 $l \leqslant 50$mm 的近场范围内，f_r、$2f_r$ 与 $3f_r$ 幅值均小幅下降，而 $3f_r$ 变化幅度还略小于前两阶转速相关频率，且变化幅度相近，而当 $l>50$mm 时，f_r 与 $2f_r$ 之间差距减小，$3f_r$ 贡献幅值迅速下降，与 1 阶和 2 阶转速相关频率幅值差距增大。随着轴向距离的进一步增大，$3f_r$ 频率成分在声辐射频率曲线中逐渐变得不明显，其对辐射噪声的贡献可忽略不计，轴向远场辐射噪声频率成分主要为 f_r 与 $2f_r$，3 阶以上转速相关频率在计算场点中未得到体现。

通过对比图 4.7~图 4.10 中结果可以看出，在径向方向与轴向方向内对声辐射有主要贡献的频率成分主要为转速相关频率。在径向方向上奇数阶转动频率幅值随场点直径增大而增大，偶数阶转动频率幅值随场点直径增大而减小，在轴向方向上所有频率幅值均随轴向距离增大而减小。随着场点直径与轴向距离的进一步增大，低阶转动频率 f_r 与 $2f_r$ 是远场声辐射中主要频率成分，而高阶频率虽然在近场表现比较明显，但衰减比较严重，其幅值贡献随距离增大而迅速减小。

通过本章分析，可以得到全陶瓷轴承辐射噪声沿轴向、径向、周向的幅值分布情况与主要频率成分变化规律，获得了辐射噪声在近场及远场中的分布特征。总的来说，全陶瓷轴承声辐射在径向方向上衰减量小于轴向方向上衰减量，且随着场点直径的不断增大，指向性在各个轴向距离上都变得更为明显，随着轴向距离的增加，指向性有略微减弱的趋势。指向性与声压级变化趋势在径向方向相反，而在轴向方向相似。通过对指向角位置处声辐射结果频域分析得知，在径向方向与轴向方向上对声辐射有主要贡献的频率成分主要为转速相关频率，低阶转动频率 f_r 与 $2f_r$ 是远场声辐射中主要频率成分，而高阶频率随距离增大衰减明显。

参 考 文 献

[1] Rafaely B, Alhaiany K. Speaker localization using direct path dominance test based on sound field directivity[J]. Signal Processing, 2018, 143:42-47.

[2] Bote J L S. Extrapolation of 3D directivity balloon of dodecahedron loudspeaker from measurements near its equatorial plane[J]. Applied Acoustics, 2018,139:243-250.

[3] Yu X, Lu Z B, Liu T, et al. Sound transmission through a periodic acoustic metamaterial grating[J]. Journal of Sound and Vibration, 2019,449:140-156.

[4] Krylov V V. Directivity patterns of laser-generated sound in solids: effects of optical and thermal parameters[J]. Ultrasonics, 2016,69:279-284.

[5] Da Silva A R, Brandão E, Paul S. Assessing the sound directivity of ducts based on time delay spectrometry[J]. Applied Acoustics, 2013, 74(11):1221-1225.

[6] Gao L M, Cao H, Han H Y, et al. Research on breakdown threshold and directivity of sound field generated by ultrashort laser pulses induced liquid breakdown[J]. Optik, 2018, 158: 257-265.

[7] Blandin R, Van Hirtum A, Pelorson X, et al. The effect on vowel directivity patterns of higher order propagation modes[J]. Journal of Sound and Vibration, 2018, 432:621-632.

5 滚动体对全陶瓷轴承辐射噪声的影响分析

5.1 滚动体球径差幅值对全陶瓷轴承辐射噪声的影响分析

通过前文研究，我们已经知道，在全陶瓷球轴承运行过程中，由于球径差的存在，其滚动体呈现不均匀承载特性，对其辐射噪声产生显著影响，但针对球径差对辐射噪声影响情况的量化分析，还需要进行进一步的细化研究。首先对球径差的幅值进行分析，球径差的幅值是指滚动体在制造过程中的误差允许范围内的最大球径与最小球径之差。由于全陶瓷轴承采用热等静压净近成型工艺制成，在由毛坯制作成型滚动体的过程中采用研磨工艺，因此制造过程中不可避免地存在尺寸偏差。设定球径差δ_b为球径可选取范围最大值与最小值之差，当δ_b=0.02mm、0.04mm与0.06mm时，轴承型号为7009C，内圈与外圈尺寸不变，其余结构参数与表3.1所示一致。滚动体数目取N=17，球径分别如表5.1所示。

表5.1 不同滚动体球径差幅值时球径取值

滚动体编号	A组/mm	B组/mm	C组/mm	滚动体编号	A组/mm	B组/mm	C组/mm
1	9.5087	9.5088	9.5211	10	9.5096	9.5072	9.5224
2	9.4917	9.4853	9.4949	11	9.4947	9.4855	0.5245
3	9.5012	9.5170	9.4773	12	9.4908	9.4901	9.5124
4	9.5004	9.4875	9.5239	13	9.5044	9.4963	9.4970
5	9.4953	9.5110	9.5190	14	9.4951	9.5002	9.5094
6	9.4917	9.4813	9.4872	15	9.4926	9.4867	9.4865
7	9.5093	9.4853	9.5276	16	9.4902	9.5105	9.4738
8	9.5020	9.4927	9.4705	17	9.5077	9.5179	9.5292
9	9.4933	9.4858	9.5244	—	—	—	—

表5.1中，A组、B组、C组分别表示球径差幅值为0.02mm、0.04mm与0.06mm时滚动体直径的取值。在球径差的影响下，滚动体与轴承套圈的接触情况也发生了改变。这里令$\sum Q_i$表示各滚动体与轴承内圈作用力之和，$\sum Q_o$

表示各滚动体与轴承外圈作用力之和，合力分别为相位角ϕ的函数，即

$$\sum Q_{\mathrm{i}} = \sum_{j=1}^{N} Q_{\mathrm{i}j}(\phi) \tag{5.1}$$

$$\sum Q_{\mathrm{o}} = \sum_{j=1}^{N} Q_{\mathrm{o}j}(\phi) \tag{5.2}$$

式中，$Q_{\mathrm{i}j}$与$Q_{\mathrm{o}j}$分别为滚动体j与内圈、外圈的接触力。

设轴承转速为9000 r/min，轴向预紧力F_{a}设为500N，径向载荷F_{r}=100N，对全陶瓷球轴承滚动体与内外圈作用力进行计算。由前文研究结论可知，轴承辐射噪声在承载区间内呈现指向性，而在非承载区间无明显变化，因此本章中选择承载区间内滚动体与轴承套圈受力情况进行分析，即计算角度区间为120°~240°，计算步长为6°。承载区间内滚动体与全陶瓷轴承套圈之间接触力变化如图5.1所示。

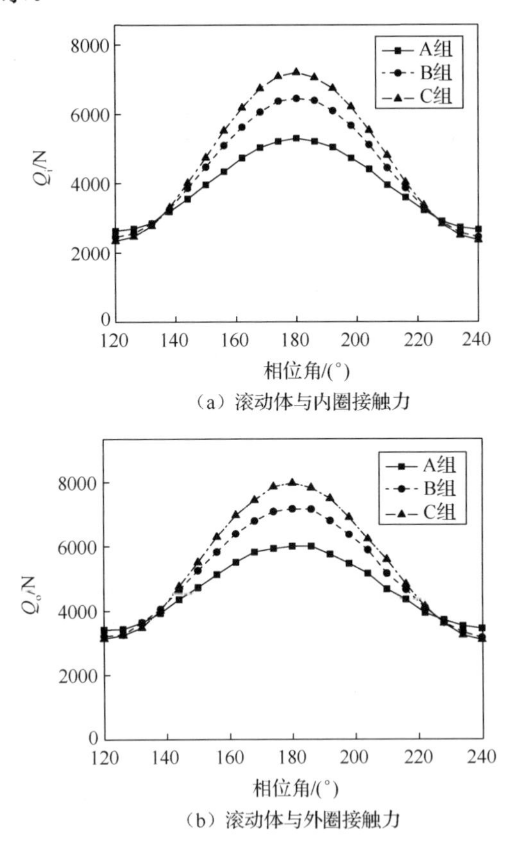

图5.1　承载区间内滚动体与全陶瓷轴承套圈接触力变化情况

由图 5.1 可以看出，滚动体与全陶瓷轴承套圈之间压力表现为两端较小，中间较大，滚动体与内外圈接触力最大值均出现在 180° 附近，这表示 180° 附近承载滚动体出现概率较大。相比而言，球径差幅值较大的组在承载区间两端与套圈之间压力比球径差幅值较小的组略小，而在承载中部靠近 180° 方向压力明显增大。滚动体与外圈之间压力略大于滚动体与内圈之间压力，其变化趋势相似。随着球径差幅值的增大，滚动体与套圈之间的不均匀接触效应趋于明显，承载滚动体的主要承载区间也逐渐减小，当外载荷保持不变时滚动体与套圈间最大接触力也增大。这一点说明当球径差幅值增大时，相邻滚动体球径差随之增大，造成承载滚动体数量减少，分担给每个承载滚动体的载荷增大，导致滚动体与全陶瓷轴承套圈之间挤压效应增加，摩擦作用趋于剧烈。

全陶瓷轴承的不均匀承载效应可反映在其辐射噪声的周向分布上，这里场点布置方法仍与图 3.2 相同，场点平面与轴承端面距离 100mm，场点直径 460mm，轴承正上方为 0°，场点顺时针排列，计算步长为 12°，则在各场点处全陶瓷轴承辐射噪声计算结果如图 5.2 所示。

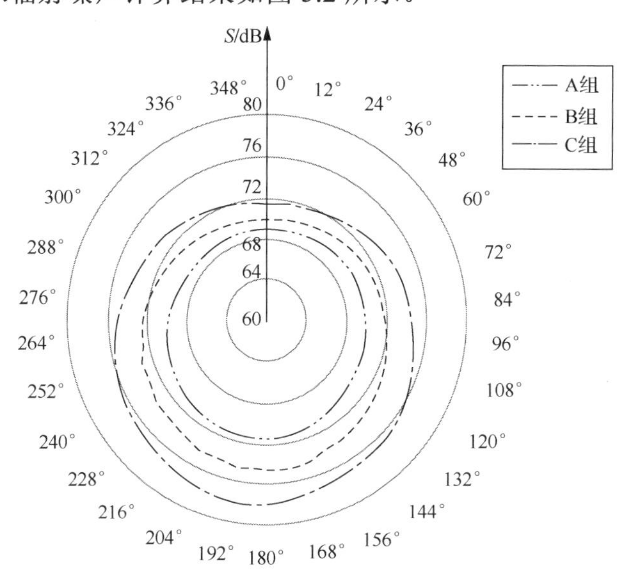

图 5.2 不同球径差幅值下全陶瓷轴承辐射噪声计算结果

显然，球径差幅值较大的一组滚动体对应的全陶瓷轴承辐射噪声声压级在周向上普遍较大，对应不同组别滚动体的全陶瓷轴承辐射噪声声压级在非承载区间差别较小，而在承载区间差别较大。不同组别滚动体声压级差距与图 5.1 中所示滚动体与轴承套圈间作用力趋势相符。这表明滚动体与轴承套圈间相互作用产生的振动辐射噪声是全陶瓷轴承总辐射噪声中的重要组成部分，因此轴承辐射噪声周向分布受滚动体球径差影响明显。应用前文类似分析方法，对全陶瓷球轴承辐射噪声周向分布进行参数化分析，得到辐射噪声的量化参数随球径差幅值的变化趋势，如图 5.3 所示。

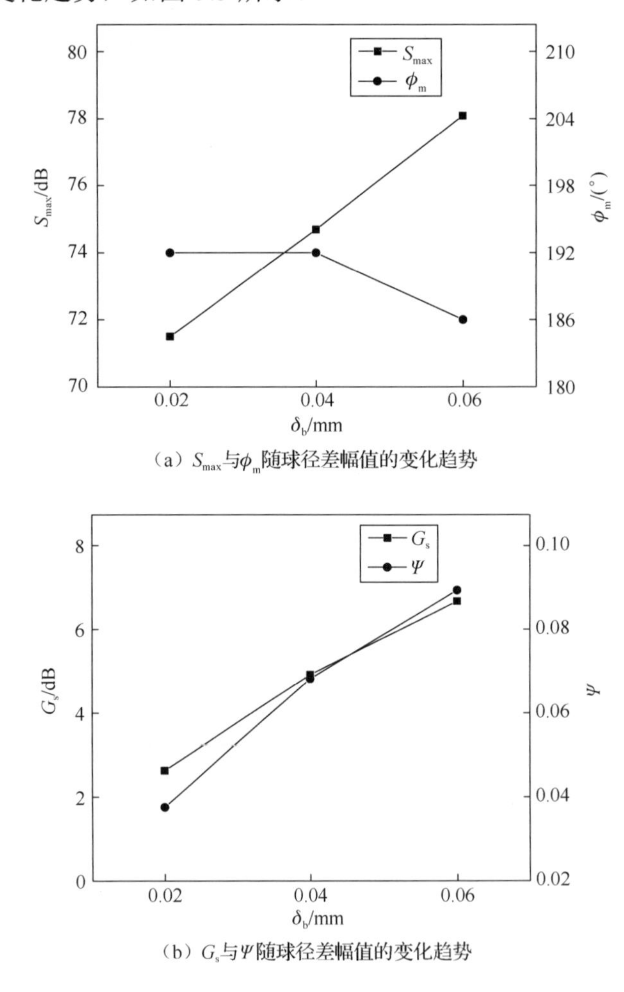

（a）S_{max}与ϕ_m随球径差幅值的变化趋势

（b）G_s与Ψ随球径差幅值的变化趋势

图 5.3　全陶瓷轴承辐射噪声量化参数随球径差幅值的变化趋势

从图 5.3 中可以看出，当球径差幅值增大时，辐射噪声幅值与周向分布差异呈现明显增大趋势，而指向性也趋于明显，这与图 5.2 中观察结果一致。由前文研究可知，滚动体球径差增大时，承载滚动体数量减少，因而承载滚动体与轴承套圈之间磨损加剧，导致全陶瓷轴承辐射噪声增大，承载滚动体与轴承套圈间相互摩擦、挤压作用相比非承载滚动体要大很多，所以承载滚动体对应位置的辐射噪声与非承载滚动体对应位置的辐射噪声之差随着球径差变化而增大，造成辐射噪声指向性趋于明显。对指向角而言，当球径差幅值增大时，指向角有略微减小趋势，但变化并不明显，这是由于随着滚动体球径差幅值增大，承载滚动体个数有减少的趋势，单个滚动体承载时间延长，多个滚动体承载时间缩短，而在转速不变的情况下，各滚动体所受离心力可视为不变，因此合力方向不变，承载滚动体位置略微向轴承正下方偏移，造成辐射噪声指向角呈现略微减小趋势。

5.2 滚动体排列方式对全陶瓷轴承辐射噪声分布的影响分析

当球径差幅值改变时，全陶瓷轴承的辐射噪声幅值及指向性发生明显变化。在生产实际中，球径差幅值体现了工艺精度，一般来说工艺精度越高，轴承滚动体球径差幅值越小，在高转速、高精密特种设备中，全陶瓷球轴承球径差幅值一般都小于 0.02mm。然而，当球径差幅值一定时，如果改变滚动体排列顺序，则相邻滚动体之间球径差值就会发生变化，承载滚动体的分布位置也会随之改变，因此可以预见，不同直径的滚动体排列方式也对全陶瓷轴承辐射噪声特性有影响。本节中，为突出滚动体排列方式对轴承辐射噪声的影响，选择 5.1 节中球径差幅值较大的一组滚动体进行研究，即 C 组滚动体。在滚动体球径不变的前提下，改变滚动体排列方式，得到了 5 组滚动体球径组合，分别命名为 A1~A5，各组滚动体球径如表 5.2 所示。

表 5.2　A1~A5 组滚动体直径

单位：mm

滚动体编号	A1 组直径	A2 组直径	A3 组直径	A4 组直径	A5 组直径
1	9.5211	9.5239	9.4872	9.5292	9.5239
2	9.4949	9.4872	9.5245	9.4872	9.5190
3	9.4773	9.5211	9.5276	9.4865	9.5292
4	9.5239	9.5190	9.4970	9.5224	9.5244
5	9.5190	9.5244	9.5292	9.5239	9.5224
6	9.4872	9.4970	9.4949	9.5245	9.5124
7	9.5276	9.4949	9.4738	9.5094	9.4949
8	9.4705	9.5224	9.5190	9.4970	9.4872
9	9.5244	9.5124	9.5094	9.4705	9.4970
10	9.5224	9.4738	9.4705	9.4773	9.4865
11	9.5245	9.5276	9.5124	9.5190	9.4705
12	9.5124	9.4705	9.5211	9.5124	9.4773
13	9.4970	9.5292	9.5244	9.5211	9.5276
14	9.5094	9.5245	9.5239	9.5276	9.4738
15	9.4865	9.4773	9.4865	9.5244	9.5094
16	9.4738	9.5094	9.4773	9.4738	9.5245
17	9.5292	9.4865	9.5224	9.4949	9.5211

如表 5.2 所示，全陶瓷轴承滚动体直径变化范围为 9.47~9.53mm，各滚动体直径确定，但排列方式有所改变。当排列方式改变时，带来的最直接的变化就是相邻滚动体球径差的改变。这里定义 $\varDelta_j$ 为第 j 个滚动体对应的相邻球径差，可表示为

$$\varDelta_1=\left|D_1-D_N\right| \tag{5.3}$$

$$\varDelta_j=\left|D_j-D_{j-1}\right|,\quad j=2,3,4,\cdots,N \tag{5.4}$$

则 A1~A5 组对应的相邻滚动体球径差如表 5.3 所示。

表 5.3　A1~A5 组相邻滚动体球径差

单位：mm

滚动体编号	A1 组相邻球径差	A2 组相邻球径差	A3 组相邻球径差	A4 组相邻球径差	A5 组相邻球径差
1	0.0081	0.0374	0.0352	0.0343	0.0027
2	0.0262	0.0367	0.0373	0.0420	0.0048
3	0.0177	0.0339	0.0031	0.0007	0.0102
4	0.0466	0.0021	0.0306	0.0359	0.0049
5	0.0048	0.0054	0.0322	0.0014	0.0020
6	0.0318	0.0274	0.0343	0.0006	0.0100
7	0.0404	0.0021	0.0212	0.0151	0.0175
8	0.0571	0.0275	0.0453	0.0124	0.0077
9	0.0539	0.0100	0.0096	0.0265	0.0098
10	0.0020	0.0387	0.0389	0.0068	0.0105
11	0.0021	0.0538	0.0419	0.0418	0.0160
12	0.0121	0.0571	0.0087	0.0066	0.0068
13	0.0154	0.0587	0.0032	0.0087	0.0503
14	0.0124	0.0048	0.0005	0.0064	0.0538
15	0.0229	0.0471	0.0374	0.0032	0.0356
16	0.0127	0.0321	0.0092	0.0506	0.0151
17	0.0554	0.0229	0.0451	0.0211	0.0034

为量化表示相邻球径差的分布情况，选择每组相邻滚动体球径差的最大值 $\varDelta_{\max}$ 与标准差 $V(\varDelta)$ 作为量度指标，可分别表示为

$$\varDelta_{\max}=\max\left(\varDelta_j\right) \tag{5.5}$$

$$V\left(\varDelta\right)=\sqrt{\frac{\sum_{j=1}^{N}\left(\varDelta_j-\overline{\varDelta}\right)^2}{N}} \tag{5.6}$$

式中，$\overline{\varDelta}$ 表示相邻滚动体球径差 $\varDelta_j$ 的平均值，可表示为

$$\overline{\varDelta}=\sum_{j=1}^{N}\varDelta_j/N \tag{5.7}$$

选择最大相邻球径差与相邻球径差分布标准差作为滚动体呈现不同排列时的数据标签，则滚动体呈现不同排列时最大相邻球径差与相邻球径差分布标准差如表 5.4 所示。

表 5.4 滚动体不同排列时最大相邻球径差与相邻球径差分布标准差

排列方式	Δ_{max}/mm	$V(\Delta)$
A1	0.0571	0.0187
A2	0.0587	0.0186
A3	0.0453	0.0157
A4	0.0506	0.0162
A5	0.0538	0.0156

将不同排列的滚动体与相同的内外圈进行组装，并计算轴承内圈的振动情况。轴承内圈转速设为 9000r/min，忽略滚动体与轴承套圈间接触角的变化与转速波动对轴承运行产生的影响，轴向预紧力设为 500N，径向载荷为 100N，则内圈振动频域结果中与 f_c' 相关的频域成分变化规律如图 5.4 所示。

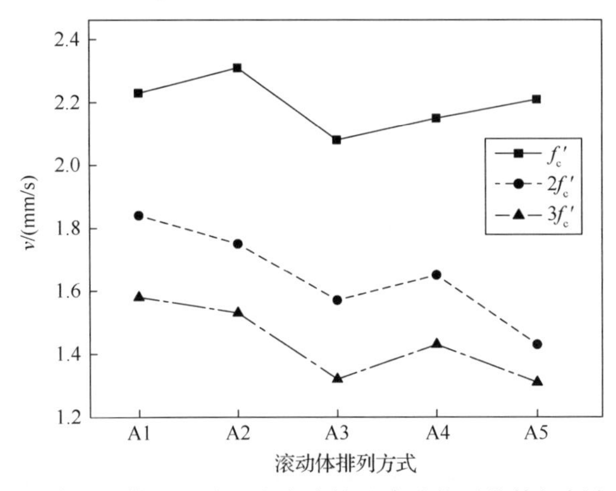

图 5.4 不同滚动体排列方式下全陶瓷轴承滚动体承载特征频率变化情况

由图 5.4 可以看出，f_c' 频率成分变化趋势与 Δ_{max} 基本一致，但 2 f_c'、3 f_c' 频率成分变化趋势与 f_c' 不同。当 Δ_{max} 增大时，单个承载滚动体对应的特征频率成分增大，两个与三个承载滚动体对应的特征频率成分减小，表明单个承载滚动体运转的时间增多，出现的频率更高，承载滚动体个数有减少趋势，滚动体不均匀承载有增强的趋势。$V(\Delta)$表示一组滚动体里相邻球径差分布的离散情况，当 $V(\Delta)$增大时，滚动体相邻球径差波动增大，滚动体承载情况变化更为频繁，承载滚动体与非承载滚动体交换频率更高，因此当Δ_{max}增大而 $V(\Delta)$减小时，f_c'频率成分稍微增大，而 $2f_c'$、$3f_c'$频率成分逐渐减小。不同排列方式下滚动体承载特征频率变化结果表明，轴承内圈的振动主要受$V(\Delta)$影响，而非均匀承载特性受Δ_{max}影响更大。根据前文推导得到的声辐射模型，得出滚动体不同排列方式下全陶瓷轴承辐射噪声计算结果如图 5.5 所示。图 5.5 中，实线、虚线、点线、点划线与双点划线分别表示滚动体排列组别为 A1、A2、A3、A4、A5 时的辐射噪声周向分布情况。

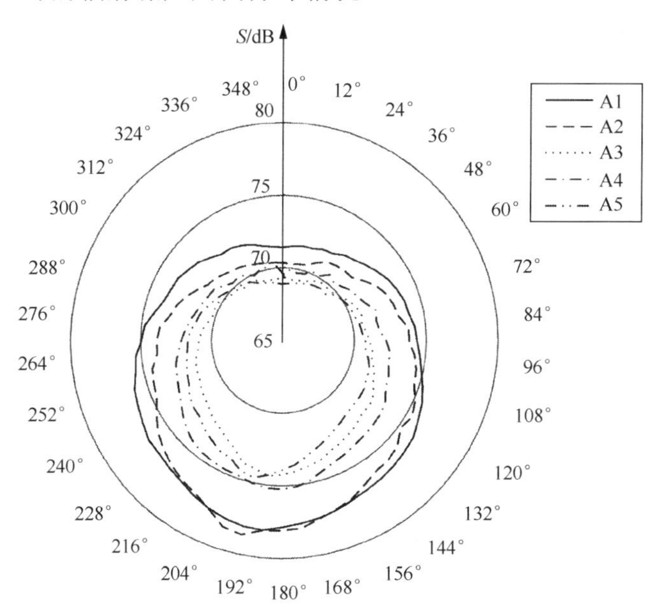

图 5.5 滚动体不同排列方式下全陶瓷轴承辐射噪声周向分布

与图 5.2 相比，图 5.5 中当滚动体排列方式发生改变时全陶瓷轴承辐射噪声周向分布变化更为不均匀，这是由于当排列方式发生变化时，各项指标并不是单调变化的。相似的是，几条声辐射曲线的最大值都出现在 180° 附近，而且承载区间内辐射噪声声压级明显大于非承载区间内辐射噪声声压级。对于变化趋势不明的周向分布曲线，采用 5.2 节中给出的平均声压级与指向性参数进行表征是比较合适的，A1~A5 几组滚动体排列方式对应的辐射噪声平均声压级与指向性参数如图 5.6 所示。

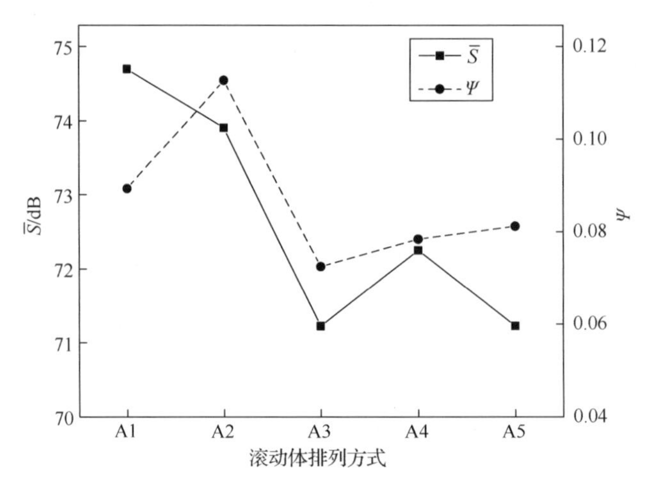

图 5.6　不同滚动体排列方式对应的全陶瓷轴承辐射噪声平均声压级与指向性参数

由图 5.6 可以看出，平均声压级变化趋势与 $V(\Delta)$变化趋势相似，而指向性参数趋势与 Δ_{max} 变化趋势相似。计算结果表明，相邻滚动体球径差分布标准差 $V(\Delta)$的增大会导致滚动体承载情况的频繁变化，从而导致滚动体与轴承套圈间相互摩擦、挤压作用加剧，辐射噪声总体增大。另外，Δ_{max} 的增大会导致承载区域内承载滚动体与轴承套圈间接触力增大，然而随着相邻球径差最大值增大，承载滚动体个数有减少的趋势，因此承载区域缩小，承载区域内接触力增大只会导致有限区域内辐射噪声幅值增大，而承载区域外的部分辐射噪声减小，这就导致了全陶瓷轴承辐射噪声周向分布差异增大，指向性增强。此外，从计算结果中可以看出，当滚动体排列方式发生改变时，全陶瓷轴承辐射噪声变化幅值可达 3dB 以上，因此可以得知，通过合理安排滚动体排列方式，可以对辐射噪声分布进行优化。减小相邻滚动体球径差分布标准差，可以减小轴承辐射噪声幅值，减小最大相邻滚动体球径差，削弱辐射噪声指向性，延长轴承使用寿命。

5.3　滚动体个数对辐射噪声分布的影响分析

除了滚动体球径差幅值与排列方式外，在研究过程中我们发现滚动体个数对全陶瓷轴承辐射噪声分布也有一定的影响。当滚动体个数改变时，承载滚动体与轴承套圈的接触长度发生了改变，从而导致内圈与滚动体之间接触力周向分布发生改变，进而改变滚动体不均匀承载特性与辐射噪声指向性。本节中，将滚动体球径差幅值继续设为0.06mm，选取四组滚动体，其个数分别为15、16、17与18，分别标记为G1组、G2组、G3组与G4组，各组滚动体球径如表5.5所示。

表5.5　不同个数滚动体的球径取值

单位：mm

滚动体编号	G1组直径	G2组直径	G3组直径	G4组直径
1	9.4879	9.4778	9.5211	9.5179
2	9.4799	9.5170	9.4949	9.5058
3	9.5270	9.4730	9.4773	9.5046
4	9.4737	9.5130	9.5239	9.5187
5	9.5283	9.5038	9.5190	9.5071
6	9.4718	9.5035	9.4872	9.5268
7	9.4982	9.5030	9.5276	9.5293
8	9.4712	9.4812	9.4705	9.4715
9	9.4888	9.5297	9.5244	9.5226
10	9.5296	9.4727	9.5224	9.5276
11	9.5236	9.5285	9.5245	9.4840
12	9.5227	9.4803	9.5124	9.5027
13	9.5095	9.4918	9.4970	9.5063
14	9.4879	9.5230	9.5094	9.4835
15	9.4925	9.4782	9.4865	9.5030
16	—	9.5220	9.4738	9.5263
17	—	—	9.5292	9.4768
18	—	—	—	9.5144

考虑相邻滚动体球径差的影响，相邻滚动体球径差通过式(5.3)和式(5.4)计算，这几组滚动体对应的相邻滚动体球径差如表5.6所示。

表 5.6　不同滚动体个数组对应的相邻滚动体球径差

单位：mm

滚动体编号	G1 组相邻球径差	G2 组相邻球径差	G3 组相邻球径差	G4 组相邻球径差
1	0.0044	0.0442	0.0081	0.0035
2	0.0080	0.0392	0.0262	0.0121
3	0.0471	0.0440	0.0177	0.0012
4	0.0533	0.0400	0.0466	0.0141
5	0.0546	0.0092	0.0048	0.0116
6	0.0565	0.0003	0.0318	0.0197
7	0.0264	0.0005	0.0404	0.0026
8	0.0270	0.0218	0.0571	0.0578
9	0.0176	0.0485	0.0539	0.0511
10	0.0408	0.0570	0.0020	0.0050
11	0.0060	0.0558	0.0021	0.0436
12	0.0009	0.0482	0.0121	0.0187
13	0.0132	0.0115	0.0154	0.0036
14	0.0216	0.0312	0.0124	0.0228
15	0.0046	0.0448	0.0229	0.0195
16	—	0.0438	0.0127	0.0233
17	—	—	0.0555	0.0495
18	—	—	—	0.0376

对于 G1~G4 组滚动体，统计其最大相邻滚动体球径差 Δ_{max} 与相邻滚动体球径差分布标准差 $V(\Delta)$，结果如表 5.7 所示。

在计算过程中，要使滚动体最大相邻滚动体球径差与相邻滚动体球径差分布标准差保持不变比较难，因此只能将这两个参数控制在一个较小的变化范围内，如表 5.7 所示，Δ_{max} 的变化幅度仅为 0.0013mm，而 $V(\Delta)$的变化幅度仅为 0.0018，两个参数变化不大，因此在分析滚动体个数对辐射噪声影响的过程中可忽略 Δ_{max} 与 $V(\Delta)$的影响。设各组滚动体在轴承中为顺序、均匀分布，忽略滚动体与轴承套圈接触角的变化，设轴承工作转速为 9000r/min，忽略转速波动对轴承运行产生的影响，轴向预紧力设为 500N，径向载荷为 100N，则采用 G1~G4

组滚动体的全陶瓷轴承内圈振动速度频域结果如图 5.7（a）~（d）所示。

表 5.7 G1~G4 组滚动体最大相邻滚动体球径差与相邻滚动体球径差分布标准差

组别	滚动体个数	Δ_{max}/mm	$V(\Delta)$
G1	15	0.0565	0.0195
G2	16	0.0570	0.0184
G3	17	0.0571	0.0187
G4	18	0.0578	0.0177

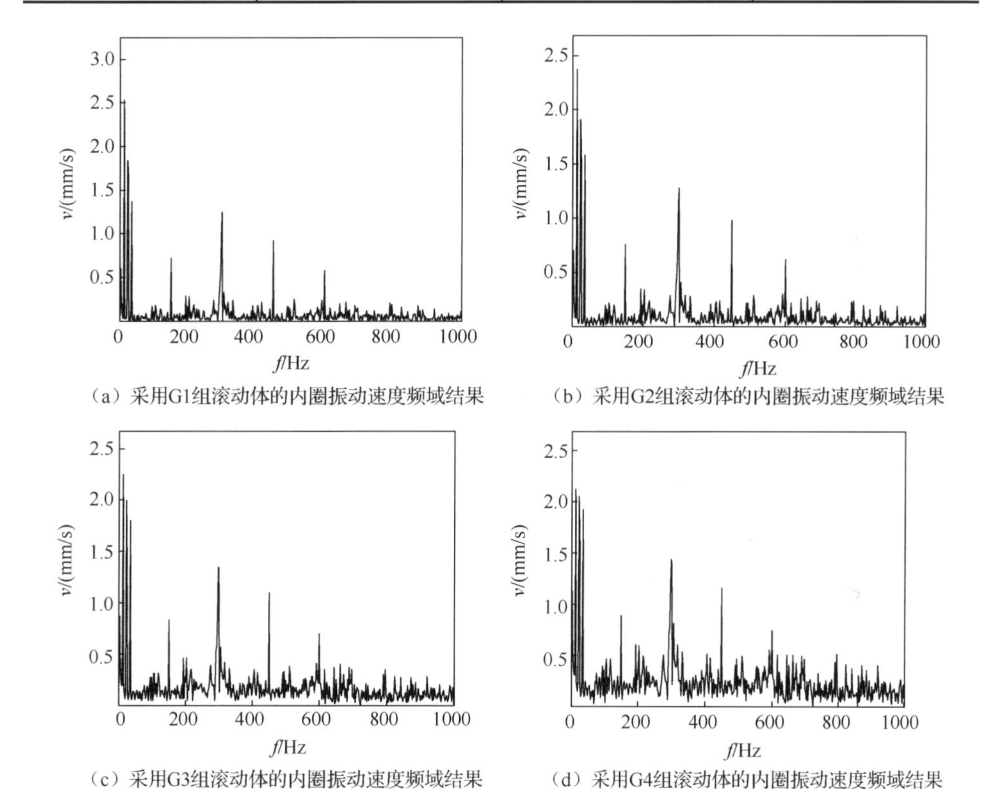

（a）采用G1组滚动体的内圈振动速度频域结果

（b）采用G2组滚动体的内圈振动速度频域结果

（c）采用G3组滚动体的内圈振动速度频域结果

（d）采用G4组滚动体的内圈振动速度频域结果

图 5.7 采用不同组滚动体的全陶瓷轴承内圈振动速度频域结果

图 5.7（a）~（d）分别表示 G1~G4 组滚动体对应的轴承内圈振动速度频域结果。图中，左边三个峰值分别对应单个承载滚动体、两个承载滚动体、三个承载滚动体的特征频率，之后四个峰值分别对应四阶转速相关频率，各特征频率振动速度幅值随滚动体个数变化趋势如图 5.8 所示。

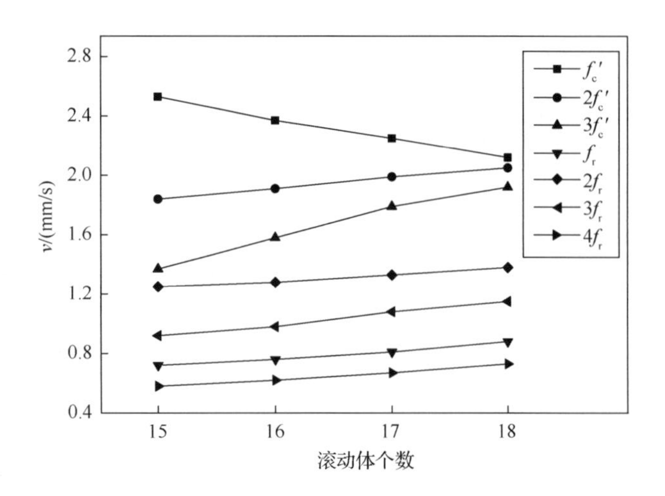

图 5.8　各频率振动速度幅值随滚动体个数变化趋势

从图 5.8 中可以看出，当滚动体个数发生变化时，与转动频率 f_r 相关的四个频率变化幅度不大，而与承载滚动体特征频率 f_c' 相关的三个频率幅值发生了明显变化。其中，f_c' 对应的振动速度幅值随滚动体个数增加呈现减小趋势，而 $2f_c'$ 与 $3f_c'$ 对应振动速度幅值随滚动体个数增加而上升。当滚动体个数为 15 时，三个特征频率对应振动幅值之间差距较大，而当滚动体个数增加为 18 时，三个特征频率对应振动幅值之间差距变得不明显。这种变化趋势表明当滚动体个数增加时，承载滚动体个数也随之增加，不均匀承载现象得到缓解。这是由于当滚动体个数增加时，每个滚动体与轴承套圈接触区域减小，由滚动体球径差带来的不均匀承载现象被削弱，承载滚动体交替更为频繁，使单个承载滚动体出现概率更小，多个承载滚动体出现概率更大。由于滚动体个数改变了全陶瓷轴承承载情况，因而对轴承辐射噪声势必会产生影响。采用周向平均声压级与指向性参数对辐射噪声分布情况进行量化分析，则基于前文推导得到的子声源分解理论的全陶瓷轴承辐射噪声随滚动体个数的变化情况如图 5.9 所示。

由图 5.9 可以看出，随着滚动体个数的增加，在运转过程中承载滚动体的交替更为频繁，滚动体与轴承套圈之间相互作用更加剧烈，保持架每回转一周会带动更多的滚动体与轴承套圈接触，因此轴承总辐射噪声呈现上升趋势。另外，滚动体个数的增加带来的是每个承载滚动体与轴承套圈接触时间的减少与接触区域的缩小，球径不同的滚动体与轴承套圈间接触时间与差异的区别缩小，滚动体球径差带来的不均匀间歇承载现象趋于不明显，全陶瓷轴承的承载状态向着钢制轴承靠近，辐射噪声指向性也有所减弱。因此可以得到结论，在全陶瓷轴承滚动体最大相邻球径差与球径差分布标准差变化不大时，可以通过增加滚动体个数来削弱辐射噪声指向性，但是当滚动体个数增加时，全陶瓷轴承辐射噪声幅值会呈上升趋势。当然，这种变化也不是无止境的，当滚动体个数进一步增加时，全陶瓷轴承滚动体与轴承套圈之间的摩擦、撞击作用会有一个上限，因此在图 5.9 中，平均声压级上升趋势逐渐减缓，相应地，辐射噪声指向性变化趋势也减缓。

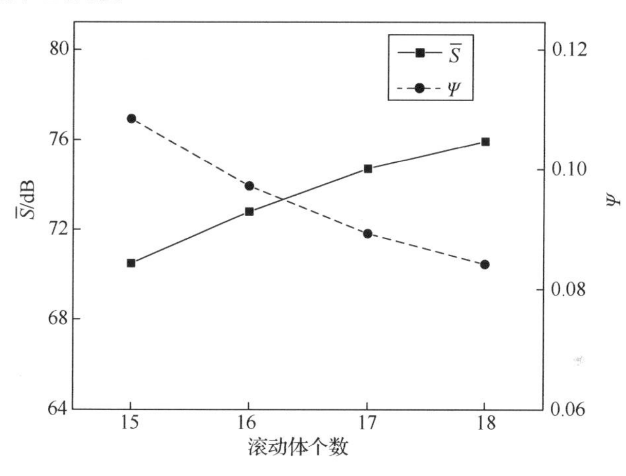

图 5.9 全陶瓷轴承辐射噪声平均声压级与指向性参数随滚动体个数变化情况

综上所述，滚动体球径差对全陶瓷轴承辐射噪声有明显的影响，球径差的存在导致轴承承载滚动体个数减少，承载滚动体与轴承套圈之间相互作用加剧，辐射噪声增大。球径差对轴承辐射噪声的影响主要是通过改变承载滚动体的位置及滚动体与轴承套圈的接触时间，主要影响参数有滚动体球径差幅值、滚动体排列方式与滚动体个数。研究表明，随着滚动体球径差幅值的增大，承载滚动体个数有减少的趋势，少数承载滚动体与轴承套圈间摩擦、挤压作用增强，且承载滚动体与轴承套圈间接触区域与非接触区域中产生的振动、噪声差距增大，造成全陶瓷轴承辐射噪声指向性增强。滚动体排列方式与轴承辐射噪声之间的联系主要源于当滚动体球径差幅值一定时，滚动体排列方式的改变能够改变相邻滚动体之间球径差，从而改变滚动体承载情况。当最大相邻球径差增大时，全陶瓷轴承不均匀承载效应趋于明显，辐射噪声指向性增强；当滚动体球径差分布标准差增大时，相邻滚动体之间球径差波动增大，承载滚动体交替更频繁，辐射噪声幅值增大。

滚动体球径差幅值可通过提升滚动体加工精度进行控制，排列方式可通过合理安排滚动体摆放顺序进行优化，而当滚动体球径差幅值与排列方式已达到优化值，对轴承辐射噪声影响不大时，可通过改变滚动体个数对全陶瓷轴承辐射噪声进行微调。当滚动体个数增加时，全陶瓷轴承的不均匀承载特性减弱，指向性也趋于不明显，全陶瓷轴承辐射噪声特性向钢制轴承靠近，但较多的滚动体也会带来辐射噪声的增加。经过本章分析可知，全陶瓷轴承辐射噪声与滚动体的球径差幅值、排列方式与个数都有关系，可通过合理安排滚动体加工精度与排列方式减小辐射噪声，削弱辐射噪声指向性，在节约成本的同时提高轴承的服役性能，对全陶瓷轴承的优化设计具有指导意义。

6 工况参量对全陶瓷轴承辐射噪声指向性的影响分析

6.1 全陶瓷轴承转速对辐射噪声指向性的影响分析

前文工作已经证明，全陶瓷轴承的结构误差对其辐射噪声周向分布有较大影响。然而，在轴承运转过程中，由于各滚动体排列方式已经确定，因此对其辐射噪声影响较大的是工作过程中的工况参量。研究发现，全陶瓷轴承运转过程中辐射噪声情况受转速、轴向载荷、径向载荷等多项工况参量影响，为获取各工况参量对辐射噪声指向性的影响，需对各项工况进行单因素变参分析。在第 3 章研究中已经证明，全陶瓷轴承转速对声辐射影响很大，相应地，其对辐射噪声指向性的影响也不可忽略，因此本节选取轴承转速作为影响因素进行研究。本节选择研究目标为全陶瓷角接触球轴承 7003C，假设轴承空载工作，所受轴向预紧力 F_a=1500N，径向力 F_r=100N，场点平面与轴承端面距离为 100mm，场点直径为 460mm，忽略外界冲击，将转速分别设为 10000r/min、15000r/min、20000r/min、25000r/min、30000r/min、35000r/min 与 40000r/min。对全陶瓷轴承而言，辐射噪声产生的根源在于振动。前文研究已经证明，全陶瓷轴承的辐射噪声与内圈振动变化趋势一致。因此，本节在内圈转速发生变化时，需要研究内圈的振动变化情况。根据全陶瓷轴承动力学模型，采用全陶瓷角接触球轴承 7003C 的结构参数对转速变化时轴承内圈振动情况进行计算。由于全陶瓷轴承的最大辐射噪声位于 180° 附近，因此选择 180° 方位角处轴承内圈表面振动进行分析，在转速由 10000r/min 变化至 40000r/min 过程中，轴承内圈 180° 处表面振速如图 6.1 所示。

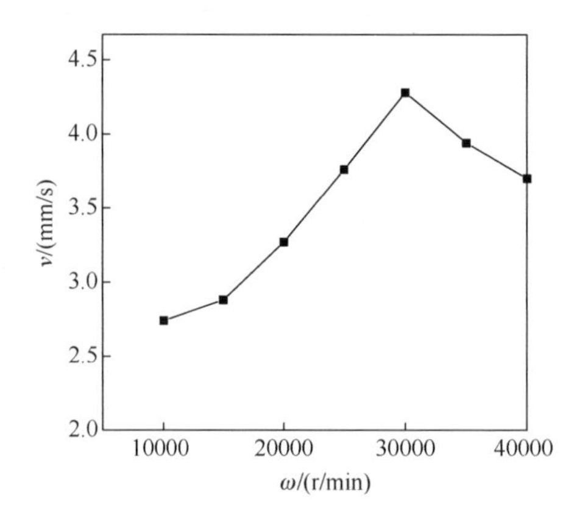

图 6.1　轴承内圈 180° 处表面振速随转速变化趋势

图 6.1 中，轴承内圈 180° 处表面振速随着转速先是迅速上升，到 30000r/min 后转而下降。轴承表面振速呈现这种变化趋势与轴承-转子系统临界转速相关。临界转速是轴承-转子系统的重要指标，关系着轴承-转子系统的稳定性，振动在 30000r/min 附近出现变化趋势的突变表明在 30000r/min 附近有轴承-转子系统的临界转速存在，通过临界转速后振动幅值下降。轴承-转子系统的临界转速与其固有频率相关，由于全陶瓷轴承-转子系统刚度大，密度小，因而其固有频率较传统钢制轴承-主轴系统有明显提升。轴承-转子系统的固有频率可通过有限元方法获取，如表 6.1 所示。

表 6.1　全陶瓷轴承-转子系统固有频率

阶数	固有频率/Hz	对应临界转速/（r/min）
1	468.3	28098
2	469.2	28152
3	843.5	50610
4	847.7	50862
5	1274.4	76464

如表 6.1 所示，全陶瓷轴承-转子系统的第 1、2 阶临界转速分别为 28098r/min 与 28152r/min，由于在前述计算中转速步长选取较大，在 28000r/min 附近并无计算点，因此表面振速在 30000r/min 附近达到最大值。

接下来对全陶瓷轴承辐射噪声进行计算，场点平面距离轴承端面 100mm，场点半径为 230mm，将计算步长细化为 12° 以获得更精确的计算结果，则各场点处辐射噪声计算结果随转速的变化规律如图 6.2 所示。

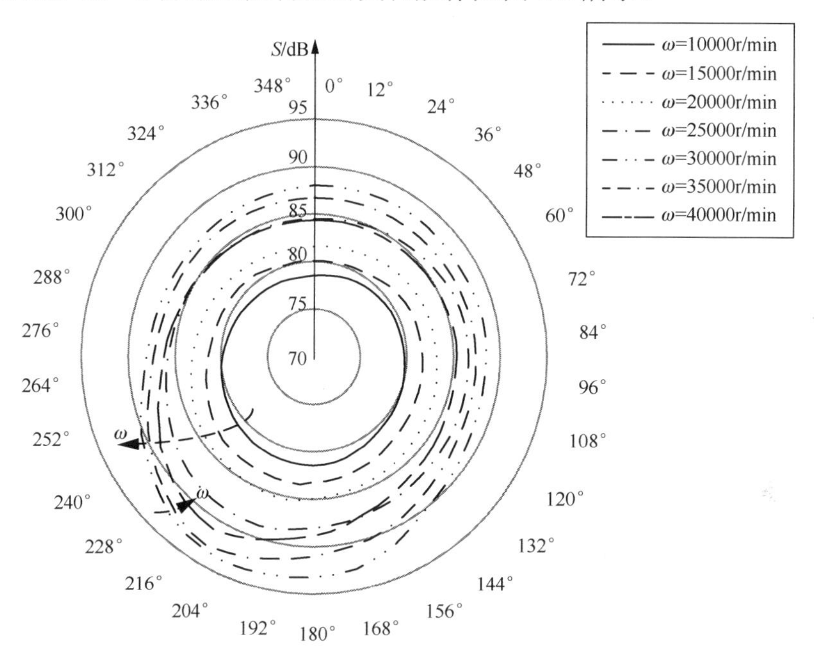

图 6.2 不同转速时全陶瓷轴承辐射噪声指向性

图 6.2 中，实线表示 10000r/min 时辐射噪声指向性情况，虚线表示 15000r/min 时辐射噪声指向性情况，点线表示 20000r/min 时辐射噪声指向性情况，点划线表示 25000r/min 时辐射噪声指向性情况，双点划线表示 30000r/min 时辐射噪声指向性情况，点双线表示 35000r/min 时辐射噪声指向性情况，长点划线表示 40000r/min 时辐射噪声指向性情况。可以看出，辐射噪声整体水平在 10000~30000r/min 呈上升趋势，越过 30000r/min 后略微下降。10000r/min 时指向性曲线比较接近圆形，周向声压级分布较均匀，而 40000r/min 时呈现明显指向性，指向角趋于明显，指向角附近指向性曲线变尖，说明指向性随着转数上升而增强。为探究指向性变化规律，仍选用 4.2 节中 4 个参数作为量化指标进行研究，各指标变化情况如图 6.3 所示。

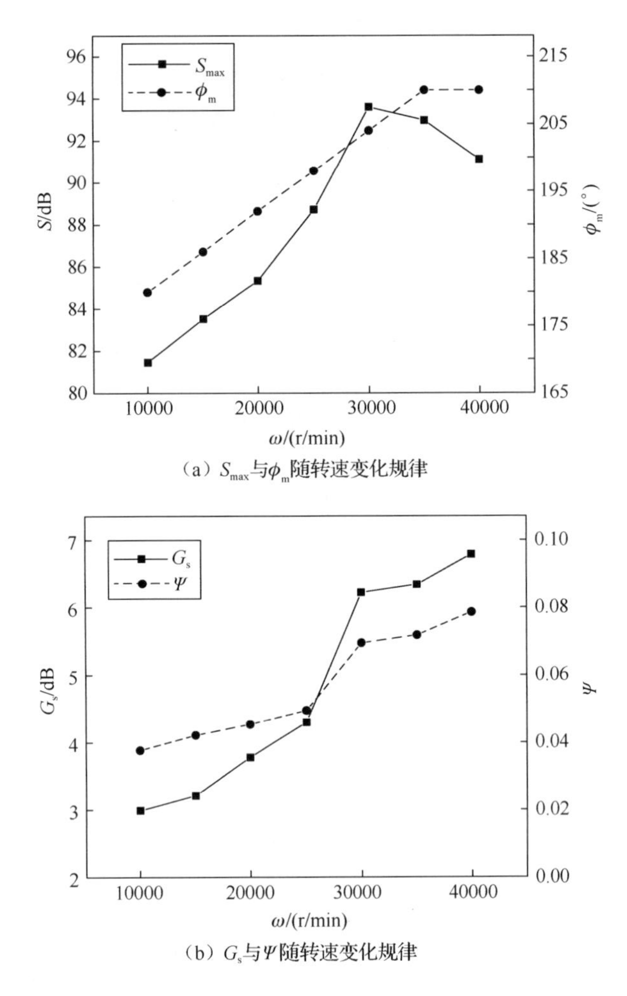

（a）S_{max}与ϕ_m随转速变化规律

（b）G_s与Ψ随转速变化规律

图 6.3　全陶瓷轴承辐射噪声量化指标随转速变化规律

图 6.3（a）中，S_{max} 的变化规律与图 6.2 中不同转速下辐射噪声水平变化趋势大致相同，可以反映全陶瓷轴承整体声辐射水平。全陶瓷轴承辐射噪声在 30000r/min 附近存在极大值，在达到极大值之前声辐射随转速上升而增大，越过极大值后下降。ϕ_m 的变化趋势在 10000~35000r/min 范围内随转速单调递增，之后保持稳定。G_s 与 Ψ 的变化趋势相近，辐射噪声指向性在分析转速范围内呈现递增趋势，在 25000~30000r/min 出现明显增长，在转速超过 30000r/min 后变化减缓。

通过分析各参数变化趋势可以发现，全陶瓷轴承指向性与辐射噪声整体水平变化趋势有所不同，构件之间的摩擦对辐射噪声水平影响较大，而转速上升时构件之间摩擦加剧，因此辐射噪声增大。但由于旋转频率会与某些构件的固有频率重合，因此这一影响并不是单调的。全陶瓷轴承辐射噪声幅值与图 6.1 中所示内圈 180° 处表面振速随转速变化趋势相似，说明轴承辐射噪声同样受轴承-转子系统临界转速影响，在达到临界转速前，轴承-转子系统的振动、噪声都随转速上升而迅速上升，通过临界转速后有所下降。对于辐射噪声指向性随轴承转速的变化情况，需要结合内圈受力情况进行分析。承载滚动体与轴承内圈间相互作用力简化图如图 6.4 所示。

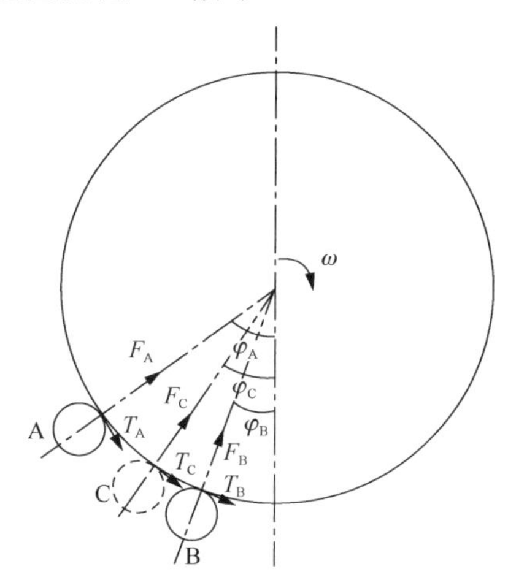

图 6.4 全陶瓷轴承滚动体与内圈接触情况简化图

图 6.4 中，假设有两个承载滚动体 A 与 B 分别与内圈接触。F_A、F_B 为其与内圈间挤压力，T_A、T_B 为切向力，φ_A、φ_B 为滚动体 A、B 的相位角。为了使计算简化，将承载滚动体 A 与 B 简化为一个虚拟的承载滚动体 C，C 的相位角为φ_C，C 与内圈间接触力与切向力分别为 F_C、T_C，根据受力平衡方程，可以得到

$$F_C \cos\varphi_C - T_C \sin\varphi_C = m_i g \tag{6.1}$$

式中，m_i 为内圈质量。式（6.1）可变形为

$$\sqrt{\left(F_C^2 + T_C^2\right)} \cdot \sin\left(\varphi - \varphi_C\right) = m_i g \tag{6.2}$$

由式（6.1）到式（6.2）的三角函数变换中，φ可以表示为

$$\varphi = \arctan\frac{F_C}{T_C} \tag{6.3}$$

因此，虚拟承载滚动体 C 的相位角 φ_C 可表示为

$$\varphi_C = \arctan\frac{F_C}{T_C} - \arcsin\frac{m_i g}{\sqrt{F_C^2 + T_C^2}} \tag{6.4}$$

当转速发生改变时，$\omega=\omega(t)$，F_C 与 T_C 也随着时间改变，因此虚拟承载滚动体 C 的相位角 φ_C 的变化率可表示为

$$\dot{\varphi}_C = \frac{\dot{F}_C T_C - \dot{T}_C F_C}{F_C^2 + T_C^2} + \sqrt{\frac{1}{F_C^2 + T_C^2 - m_i^2 g^2}} \cdot \frac{\dot{F}_C F_C + \dot{T}_C T_C}{F_C^2 + T_C^2} \tag{6.5}$$

由于只有一个承载滚动体，因此承载滚动体与轴承内圈间切向力可表示为 $T_C = M / R_i'$，式中 M 为轴承转矩，R_i' 为内圈内滚道处半径，由于轴承-主轴系统为定功率运转，当转速ω上升时，轴承转矩下降，因此 T_C 下降，$\dot{T}_C<0$，代入式（6.5）中，经过计算可得 $\dot{\varphi}_C>0$。这意味着当转速上升时，虚拟承载滚动体的相位角有增大的趋势，也就是说，当转速上升时，承载滚动体方位有朝向转动方向偏移的趋势。图 6.3（a）中，当轴承转速由 10000r/min 上升到 40000r/min 过程中，辐射噪声指向角变化了近 30°，指向角变化趋势与理论推导趋势相一致。

另外，滚动体与外圈间接触力为滚动体承载与离心力之和。当轴承转速增大时，滚动体公转速度随之上升，离心力增大，因此外圈与滚动体之间的接触力 Q_{oj} 变化幅度比内圈与滚动体之间接触力 Q_{ij} 变化幅度大，作用于承载滚动体与非承载滚动体之间的载荷差距也随之增大。从而辐射噪声量化指标中 G_s 与 Ψ 随着转速上升而持续增大，指向性增强。通过对辐射噪声量化参数的计算与分析可知，轴承整体噪声水平与转速存在一定相关性，但辐射噪声幅值与指向性之间没有必然联系，当转速上升到超过临界转速时，辐射噪声幅值会随着转速进一步上升而下降，而辐射噪声指向性则会持续增强。辐射噪声指向性参数主要反映了周向方向上声压级分布的不均匀程度与指向性曲线的尖锐程

度，与圆周上轴承振声特性相对水平关系较大，与表面振动强度绝对水平关系较小，其递增趋势不受临界转速影响。而对指向角ϕ_m而言，其出现位置大致反映了承载滚动体所处位置。承载滚动体受内外圈的挤压与摩擦力作用，当转速增大时，受到的沿圆周切线方向摩擦力增大，因此向转动方向偏移，故指向角随转速上升而增大。

6.2　轴向预紧力对全陶瓷轴承辐射噪声指向性的影响分析

轴承预紧力是在轴承运行之前施加在轴承内外圈上的轴向力。由于轴承套圈与滚动体之间具有游隙，施加一定的预紧力会减小游隙，因此预紧力有助于轴承的稳定运行，在轴承相关行业中得到了广泛应用，其重要性得到了普遍认可。对全陶瓷轴承而言，适当的预紧力有助于减小轴承的振动，提升工作精度，过大的预紧力会加剧构件之间摩擦，对控制辐射噪声不利。根据前文结果，辐射噪声在 30000r/min 时达到峰值，因此在这一转速下改变工况参量对声辐射特征的影响也相对明显。

轴向预紧力对辐射噪声分布的影响机理在于当轴向预紧力改变时，轴承元件之间接触情况发生改变。在前文建立的全陶瓷轴承动力学模型中，将轴向预紧力作为外加负载进行考虑。在图 2.6 中所示的滚动轴承径向截面接触模型中，轴向预紧力能够直接影响内圈振动情况，并间接影响滚动体振动，从而改变辐射噪声分布情况。轴向预紧力影响内圈振动情况的原因在于其能够影响内圈与承载滚动体之间的相互挤压、摩擦作用，因此需要对内圈在承载滚动体挤压力与轴向预紧力同时作用下的受力情况进行分析，轴承内圈与承载滚动体的接触模型如图 6.5 所示。

图 6.5 中，依然采用 6.1 节中等效承载滚动体思想，假设某一瞬时同时有多个滚动体承载，将所有承载滚动体与内圈之间相互作用力等效到一个虚拟等效承载滚动体 j 上，F_x 表示轴向预紧力，Q_{ij} 表示承载滚动体与内圈之间挤压力，α_{ij} 为内圈与滚动体 j 之间的接触角，D_j 为滚动体 j 的直径。在不施加轴向

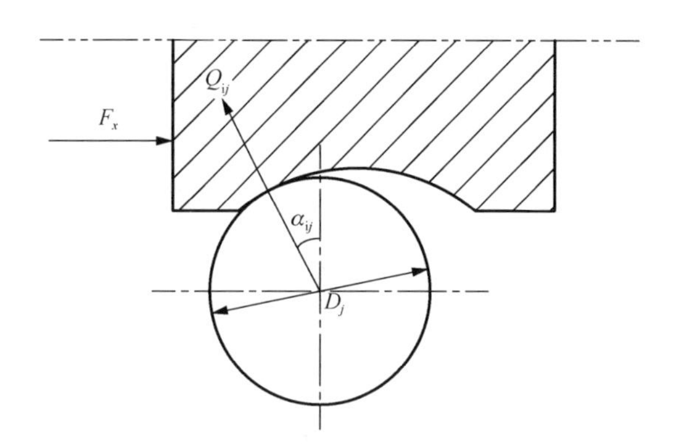

图 6.5 轴承内圈与承载滚动体接触模型

预紧力时，内圈所受力沿轴向方向为向左，施加轴向力后，内圈受轴向合力发生改变，设向右为正方向，则内圈所受轴向合力可表示为

$$\sum F_{\mathrm{a}} = F_x + \frac{J_j \omega_{\eta j}^2 \sin 2\alpha_{ij}}{\omega^2 D_j} - Q_{ij} \sin \alpha_{ij} \tag{6.6}$$

式中，$\sum F_{\mathrm{a}}$ 为内圈所受轴向合力；J_j 为滚动体 j 转动惯量；接触角 α_{ij} 为 15°；ω为轴承转速，本节中设为 30000r/min。设轴向预紧力 F_x 为时间的函数 $F_x(t)$，则 $\sum F_{\mathrm{a}}$ 也随时间变化。当轴向预紧力 F_x 增大时，内圈与承载滚动体之间挤压力增大，造成滚动体直径 D_j 与接触角 α_{ij} 减小。等式两边同时对时间 t 求导，可以得到内圈所受轴向合力的变化率$\sum \dot{F}_{\mathrm{a}}$ >0。当 F_x 增加时，$\sum F_{\mathrm{a}}$ 的变化趋势如图 6.6 所示。

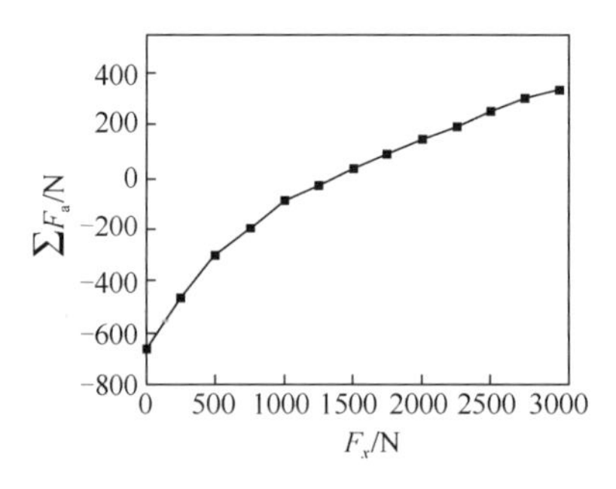

图 6.6 全陶瓷轴承轴向合力随预紧力变化趋势

由图 6.6 可以得出，初始轴向合力方向为向左，随预紧力增大而减小，之后轴向合力变为向右，随预紧力增大而增大。为研究轴向预紧力对辐射噪声的影响，将转速固定为 30000r/min，轴向预紧力 F_x 分别设为 1000N、1500N、2000N、2500N 与 3000N，场点平面距离轴承端面 100mm，则轴向预紧力对辐射噪声指向性的影响情况如图 6.7 所示。

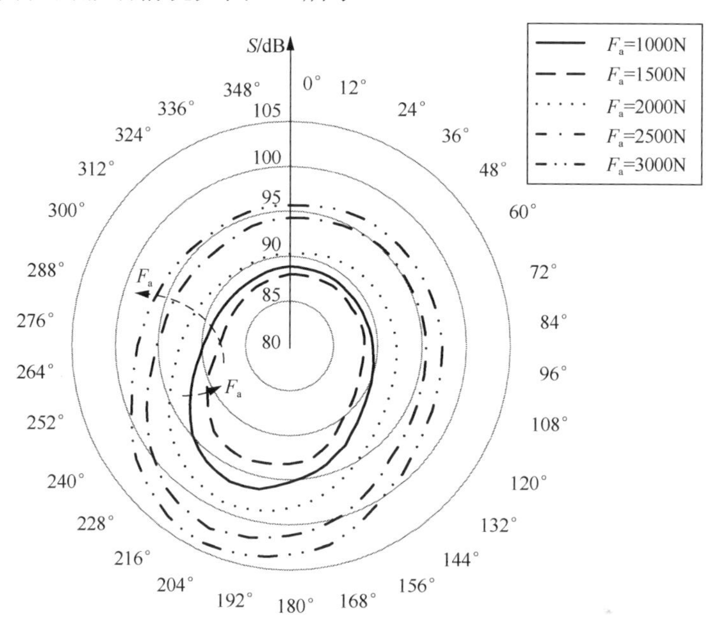

图 6.7 采用不同预紧力时全陶瓷轴承辐射噪声指向性情况

图 6.7 中，实线表示预紧力为 1000N 时辐射噪声指向性情况，虚线表示预紧力为 1500N 时辐射噪声指向性情况，点线表示预紧力为 2000N 时辐射噪声指向性情况，点划线表示预紧力 2500N 时辐射噪声指向性情况，双点划线表示预紧力 3000N 时辐射噪声指向性情况。从图中可以看出，与图 6.2 中情况类似，辐射噪声在每条指向性曲线上 288° 至 84° 的上半圆周内变化不大，而在 96° 至 276° 的下半圆周内有较大波动，辐射噪声在承载区间内呈现明显指向性，且指向角都在 204° 左右。不同轴向预紧力作用下指向性曲线形状相似，当轴向预紧力从 1000N 增大到 1500N 时，辐射噪声幅值减小，在指向角附近辐射噪声减小量较大，而当轴向预紧力超过 1500N 且继续增大时，辐射噪声

幅值总体呈现增大趋势，在指向角附近辐射噪声增加幅度大于其他位置。总的来说，从噪声幅值角度而言，F_a=1500N 对于转速为 30000r/min 的该型号陶瓷轴承更为合适。与指向性相关的参数 S_{max}、ϕ_m、G_s 与 Ψ 的变化趋势如图 6.8 所示。

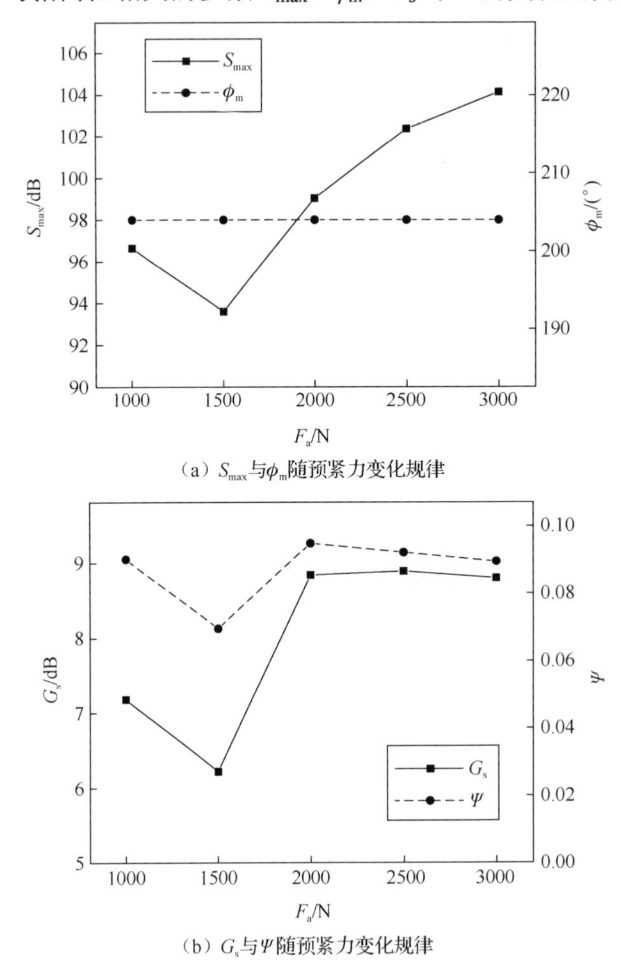

（a）S_{max}与ϕ_m随预紧力变化规律

（b）G_s与Ψ随预紧力变化规律

图 6.8　全陶瓷轴承辐射噪声量化参数随预紧力变化规律

图 6.8（a）中，带有矩形图例的实线表示 S_{max} 变化规律，带有圆形图例的虚线表示ϕ_m 变化规律，图 6.8（b）中，带矩形图例的实线与带圆形图例的虚线分别表示 G_s 与 Ψ 的变化规律。图中可见，S_{max} 随预紧力呈现明显变化，而 ϕ_m 则保持在 204° 不变。这说明预紧力大小对整体噪声水平影响很大，但对指向角位置没有明显影响。S_{max} 在 F_a=1000~2000N 波动较大，随着预紧力进一

步增大变化量减小。G_s与Ψ在F_a=1000~2000N变化趋势与S_{max}相似，随着预紧力进一步增大，G_s呈减小趋势，而Ψ变化量不大，只在F_a超过2500N之后才略微减小，标志着指向性的减弱。图6.8中各项参量变化规律表明，当结构参数不变时，对其他工况参量确定的全陶瓷轴承而言，存在一个最优预紧力，使辐射噪声水平与指向性均达到极小值。这是由于全陶瓷轴承辐射噪声与内圈振动相关，而内圈振动情况又受作用在内圈上的轴向合力幅值影响。本节研究的全陶瓷轴承属于角接触球轴承，具有固定的装配方向。当轴向预紧力较小时，内圈所受轴向合力主要为滚动体挤压力，该挤压力使轴承有散开趋势，轴承套圈与滚动体轴向挤压作用较小，轴承较松。这时轴承套圈与滚动体之间相互作用产生的摩擦噪声较小，冲击噪声较大。而当轴向预紧力增大时，内圈所受的轴向合力方向不变，幅值减小，内圈与滚动体趋于压紧，挤压作用增大。这时轴承运行状态趋于良好，轴承套圈与滚动体之间摩擦噪声增大，冲击噪声减小，总噪声减小，各个角度上滚动体与轴承套圈之间作用力趋于平均，辐射噪声指向性减弱。当轴承预紧力达到最优值时，轴承辐射噪声达到极小值，指向性也达到最低。当预紧力越过最优值继续增大时，内圈所受轴向合力方向改变，并继续增大，滚动体与轴承套圈进一步压紧，承载滚动体与轴承套圈之间摩擦加剧，因此辐射噪声增大，且在承载滚动体位置附近噪声增大幅度大于其他位置，造成全陶瓷轴承辐射噪声指向性增强。在轴向预紧力发生变化的全过程中，内圈受力在轴向方向变化较大，而由于轴承内圈接触角较小，因此径向分力不大，径向分力导致的陶瓷滚动体与轴承套圈变形不明显，承载滚动体位置与承载规律并未发生变化，因此ϕ_m保持恒定，各指向性曲线形状相似，指向性参数Ψ只在最优预紧力时达到极小值，之后变化不大。

6.3 径向载荷对全陶瓷轴承辐射噪声指向性的影响分析

在前述分析中，全陶瓷轴承为空载运行，为使运算简便，所受外力仅考虑轴向预紧力一项，径向载荷仅有100N，对轴承运行状态影响不大，并不是主要考虑因素。然而在实际工况中，全陶瓷轴承由于材料密度小，在高速下滚动体离心力小，因此可以承担重载的工作任务，而且其材料刚度大，更适用于径向载荷较大的工作情况。在径向载荷较大时，其对轴承辐射噪声的影响不可忽略。径向载荷包括转子自身重力与外界负载的作用，随着转速的上升对内外圈与滚动体之间的作用影响加大。在计算过程中，径向载荷可能导致在高转速下计算结果与实验结果之间差距出现较大波动。此外，轴承在重载情况下振动噪声增大，寿命降低，各项性能均受影响，因此，对径向载荷发生变化时辐射噪声的变化规律的研究具有重大意义。

前文研究指出，全陶瓷轴承材料刚度大是造成其滚动体不均匀承载特性的主要原因，全陶瓷轴承滚动体受压变形量较小，因此微小的球径差可能影响滚动体承载情况。当全陶瓷轴承径向载荷增大时，会引起滚动体变形量增大。正是由于陶瓷滚动体变形量发生变化，滚动体承载特性发生了改变，轴承径向游隙增加，进而改变了轴承声辐射周向分布。

因此，滚动体变形量变化是径向载荷影响辐射噪声分布的根本原因，需要对不同径向载荷下滚动体变形量进行计算，并以此为基础计算其辐射噪声分布情况。本节中轴承转速继续保持为30000r/min，径向载荷F_r分别设为0N、100N、200N、300N、400N、500N、600N、700N、800N、900N与1000N。根据6.2节研究结果，轴向预紧力设为最优预紧力F_a=1500N。忽略装配误差、形位误差等因素对轴承运行产生的影响。依旧采用6.1节和6.2节中的等效虚拟滚动体思想，将所有承载滚动体等效为单个虚拟承载滚动体，考虑滚动体处于不同角度下的变形量。6.1节和6.2节研究已经表明，当轴承高速运转时，辐射噪声指向角并不在全陶瓷轴承正下方，而是向转动方向偏移。因此在分析中虚拟承载滚动体也位于全陶瓷轴承下方偏向转动方向，当偏移角为0°~40°时，即虚拟承载滚动体相位角为180°~220°时，计算虚拟承载滚动体的变形量，偏移角计算步长为5°，不同偏移角位置处虚拟承载滚动体变形量结果如图6.9所示。

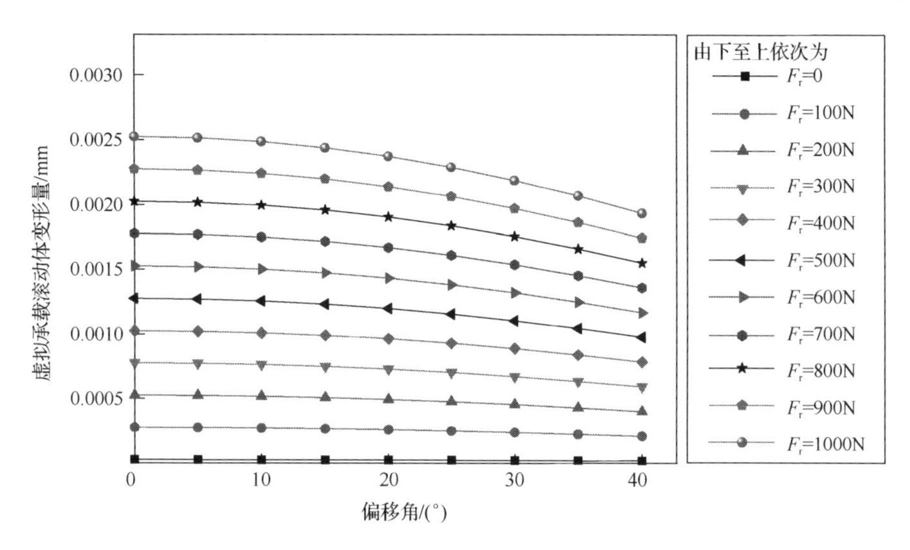

图 6.9 不同角度下全陶瓷轴承承载滚动体变形量随径向载荷变化规律

图 6.9 中，由下至上共 11 条曲线分别表示径向载荷由 0~1000N 径向载荷作用下虚拟承载滚动体变形量变化趋势。由图中可以看出，承载滚动体变形量随径向载荷增大总体呈现递增趋势，而且递增幅度比较均匀。当偏移角增大时，虚拟承载滚动体变形量呈现下降趋势，随着径向载荷的增大，这个下降趋势趋于明显。当不考虑径向载荷时，虚拟滚动体变形量在各个角度几乎没有变化，而当径向载荷达到 1000N 时，虚拟承载滚动体在 40° 偏移角下变形量约为 0° 下变形量的 80%。计算结果表明，当承载滚动体在 180° 附近，即全陶瓷轴承正下方位置处时，与内圈之间的相互作用更为剧烈，承载区域与非承载区域的载荷变化也会随之增大。忽略安装误差与各元件形位误差对轴承运行状态产生的影响，对全陶瓷轴承辐射噪声随径向载荷的影响进行计算，场点布置与 6.1 节和 6.2 节中相同，径向载荷变化范围为 0~700N，全陶瓷轴承辐射噪声计算结果如图 6.10 所示。

可以看出，全陶瓷轴承辐射噪声总体水平随径向载荷增大呈现单调递增趋势，上半圆周内辐射噪声声压级随径向载荷变化较小，而下半圆周内辐射噪声声压级变化较大。随着径向载荷的增长，指向性曲线有变光滑趋势，指向角略微向转动相反方向偏移。具体细化参数变化趋势如图 6.11 所示。

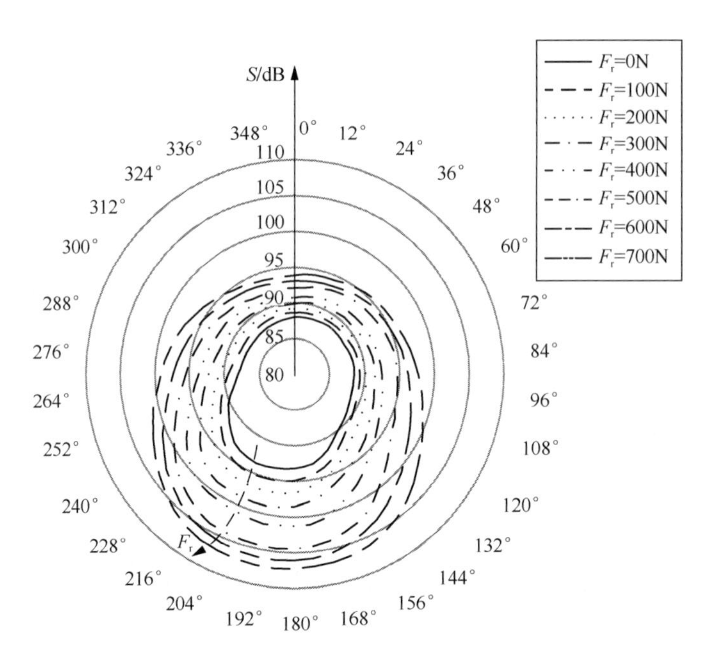

图 6.10　径向载荷不同时全陶瓷轴承辐射噪声指向性情况

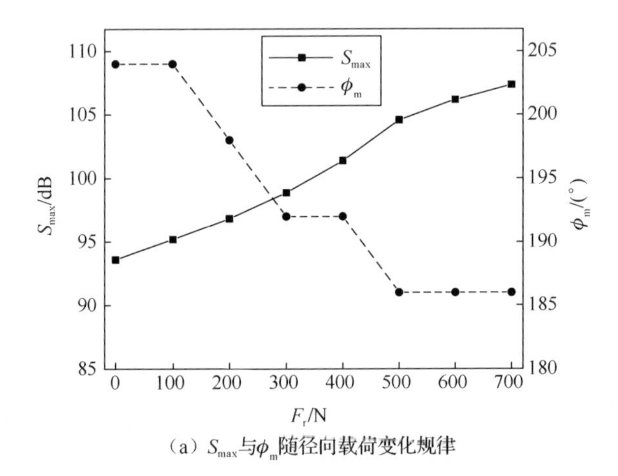

（a）S_{max}与ϕ_m随径向载荷变化规律

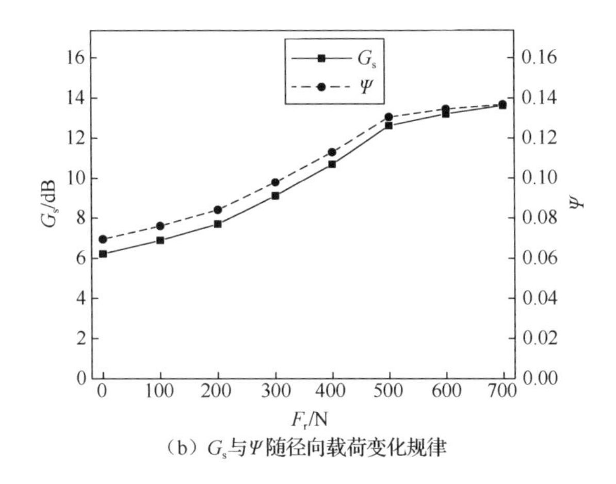

（b）G_s与Ψ随径向载荷变化规律

图 6.11 全陶瓷轴承辐射噪声量化参数随径向载荷变化规律

图 6.11（a）中，带矩形图例的实线表示 S_{max} 随径向载荷的变化规律，带圆形图例的虚线表示ϕ_m随径向载荷的变化规律，图 6.11（b）中，带矩形图例的实线表示 G_s 随径向载荷的变化规律，带圆形图例的虚线表示Ψ随径向载荷的变化规律。可以看出，轴承辐射噪声的整体水平随着径向载荷增大而上升，变化率在 F_r=500N 之前逐步增大，之后趋于平缓。指向角ϕ_m随径向载荷增大呈现减小趋势，表明承载滚动体位置向 180° 方向偏移。G_s与Ψ变化规律相似，在径向载荷 0~200N 增长缓慢，径向载荷达到 200N 之后变化较快，达到 500N 之后逐渐减缓。图 6.11（b）与 6.8（b）中变化趋势类似，指向性参数在相应参量变化初期改变明显，而随着参量进一步变化，指向性变化趋于平缓。造成这些变化的主要原因在于当径向载荷 F_r 增大时，轴承内外圈对于滚动体的挤压作用明显，滚动体变形量增大，构件之间摩擦效应明显，摩擦噪声成分增加，且随着滚动体变形量增大，内外圈之间游隙增大，撞击噪声也有少量增加，轴承声辐射呈现增大趋势。随着径向载荷的增大，承载滚动体的受力情况也发生了改变，受内圈作用的竖直方向压力增大，滚动体在竖直方向需要得到外圈足够的支撑，因此承载滚动体方位角向 180° 方向偏移，即ϕ_m有减小趋势。轴承摩擦噪声随径向载荷的变化量大于撞击噪声随径向载荷的变化量，故轴承在承载区间辐射噪声声压级增大幅度更大，轴承辐射噪声指向性趋于明显，而在径向载荷达到 500N 之后，由径向载荷带来的滚动体变形使得滚动体球径差减小，

轴承承载滚动体增多，因此指向性增长速度减慢。

本章在前文推导得到的全陶瓷轴承声辐射模型基础上，对全陶瓷轴承辐射噪声随各种工况参量的变化趋势进行了研究。研究发现，轴承工作转速、轴向预紧力与径向载荷对轴承辐射噪声指向性有着不同影响。指向性随轴承转速升高而趋于明显，与轴承辐射声压级关系不大；在确定工况下存在最优轴向预紧力，使轴承辐射噪声与指向性都达到极小值；径向载荷对轴承承载滚动体位置有影响，随着径向载荷增大，轴承指向性增强，而且指向角朝转动反方向移动。本章关于辐射噪声指向性的研究结论为进一步隔声与优化设计提供了研究基础，并可为全陶瓷轴承声学性能研究提供参考。

7 全陶瓷轴承-陶瓷电主轴声辐射实验

7.1 实验设计

全陶瓷轴承声辐射是一个比较复杂的过程，涉及轴承内部元件相互作用、表面振动辐射效率、声波传递导纳与阻抗等因素，因此只采用理论研究具有片面性，且精度不易保证。实验研究是轴承类旋转机械辐射噪声研究的主要手段，具有测量准确、直观等特点，在近年来的相关研究中发挥了重要作用，因此，采用实验手段对全陶瓷轴承声学特性进行研究对验证算法精度、检验声辐射中信号特征具有重要作用。本章实验在全陶瓷轴承-陶瓷电主轴实验台上开展，并使用声传感器采集不同转速下多个场点处声压信号，将声压信号转为场点声压级，与计算结果进行对比，实验台如图 7.1 所示。

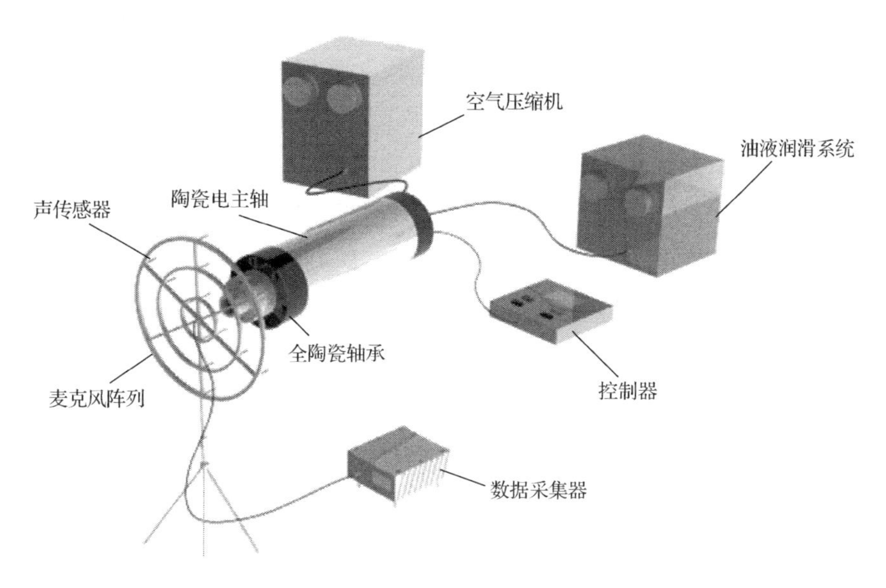

图 7.1 实验台组成示意图

图 7.1 中，陶瓷电主轴为采用工程陶瓷作为轴承及芯轴主要材料的电主轴，由电路控制系统控制内部电磁转子运转，芯轴与全陶瓷轴承紧密配合，全陶瓷轴承内圈旋转，外圈固定在主轴外壳上，通过油气润滑系统保证其正常工作。全陶瓷电主轴的内部结构如图 7.2 所示。

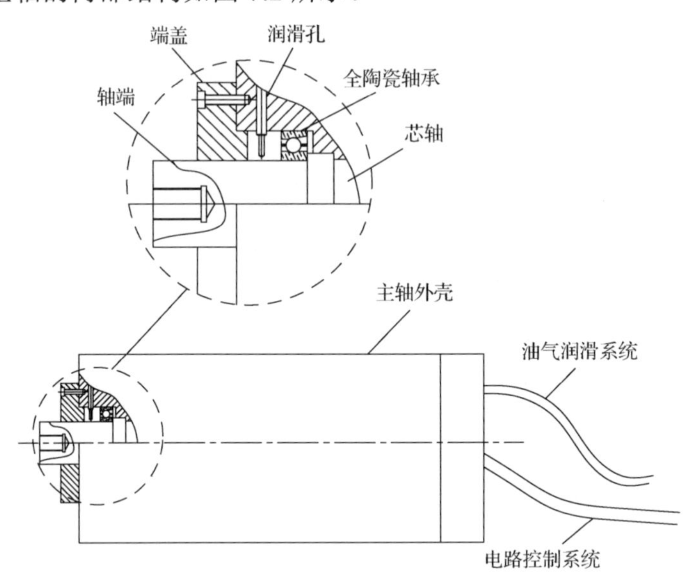

图 7.2　全陶瓷电主轴内部结构

图 7.2 中，剖开显示的为电主轴前端，在主轴的前端与后端均布有全陶瓷球轴承，两处的全陶瓷球轴承为相对安装。为检验前文建立的考虑球径差的动力学模型的计算精度，轴承尺寸需要与前文相同，因此选用前后端轴承型号均为 7003C，芯轴直径为 17mm，其余轴承尺寸与表 2.1 中所示一致。两侧轴承采用定压预紧策略，可以人工设定预紧力。陶瓷电主轴转速由图 7.1 中控制器确定，润滑油与高压气体由图 7.1 中油箱与空气压缩机控制。设备辐射噪声由布置在麦克风阵列上的声传感器采集，将测得信号传递给数据采集器，便于进行后续处理。

通过这种实验研究方法，采用多个转速与多个场点处的对比结果作为参考，可使得全陶瓷轴承声辐射模型精度验证更有说服力，也为后续的误差分析与算法精度提高奠定了基础。实验手段不仅能够证明理论研究模型的适用性与精确性，还为后续全陶瓷轴承声学特性优化提供了重要参考。

7.2 实验设备与测量方法

在本章所涉及实验中，采用两种陶瓷电主轴进行测试，对应的全陶瓷轴承分别为7003C与7009C，轴径分别为17mm与45mm，电主轴外径分别为100mm与170mm。两种陶瓷电主轴分别如图7.3（a）和图7.3（b）所示。

（a）100mm外径电主轴

（b）170mm外径电主轴

图7.3 实验用陶瓷电主轴

为准确获取设计测点处的声压信号，本章中设计了两套数据采集-数据处理装置。对于单测点处声压级测量与分析，采用如图7.4（a）所示的麦克风支架进行传感器固定，并采用图7.4（b）中数据采集器进行数据采集与处理。

图7.4中，麦克风支架刚度较大，在测点移动过程中能够保证场点的位置精度。单测点声压测量与数据采集采用北京东方振动和噪声技术研究所的Inv系列数据采集系统，声传感器型号为Inv9206，数据采集器具有八个数据通道，能完成少量测点处的信号采集。

（a）单测点声传感器布置方法

（b）单测点数据采集器

图 7.4　适用于单场点声压信号采集的麦克风布置与数据采集器

而对于多场点处的声压信号采集，则应用 3.3.2 节中的环状场点阵列的方式，将声传感器固定在麦克风阵列上。麦克风阵列的作用是确定声传感器的绝对坐标与相对位置关系，在保证传感器位置的同时能够在阵列移动时保证传感器之间的距离与角度，同时在阵列上按照某种方式布置传感器，以获得不同空间位置场点处的声压信号。此外，由于声波在空间中传播时具有方向性，因此声传感器朝向对测量值有一定影响，采用麦克风阵列还能够为声传感器提供插口，保证传感器采集方向相互平行。声传感器采用声望公司的 BSWA MPA416 型压电传感器，麦克风阵列为 Muller-BBM 公司生产，共 16 个传感器插口，呈轮辐式排列，声传感器与麦克风阵列如图 7.5 所示。

图 7.5（a）中，BSWA MPA416 为传感器型号，520285 为传感器编号，不同编号传感器灵敏度不同，实验中传感器灵敏度变化范围为 48.5~50mV/Pa。图 7.5（b）中，麦克风阵列上共有 16 个传感器插口，分布于三个同心圆以及圆心上。阵列直径由小到大分别为 60mm、260mm、460mm。阵列中心为 1 点，其余场点由内及外顺时针排列。不同直径同心圆之间场点排列方式为轮辐式，这样的排列方式能够提高阵列刚度，保持测量精度。阵列下端由三脚架支撑，三脚架可自由移动，并可由三段伸缩杆调节高度。麦克风阵列可以围绕阵列中心旋转，幅度为 120°，轮辐式排列方式下相邻同心圆上角度方向相邻场点（如 6 点与 10 点，11 点与 16 点）之间的角度偏差为 12°。因此若需获取圆周方向上声压分布，可通过旋转阵列 5 次，每次旋转 12°，共计测量 6 次获得。这样在每个圆周上共有场点 30 个。以最外圈为例，场点排列如图 7.6 所示。

（a）BSWA MPA416型传感器

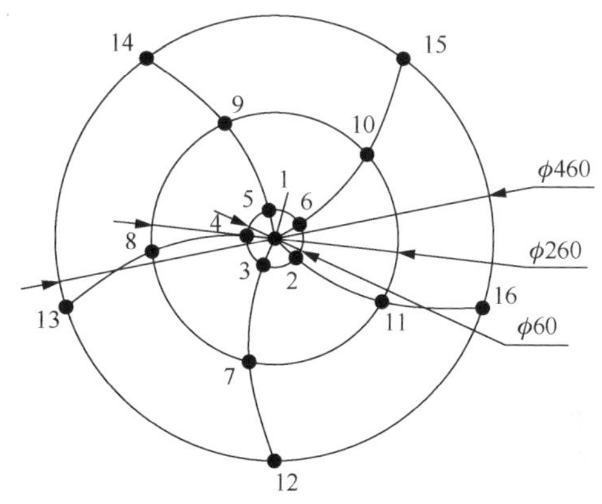

（b）麦克风阵列

图 7.5　声传感器与麦克风阵列

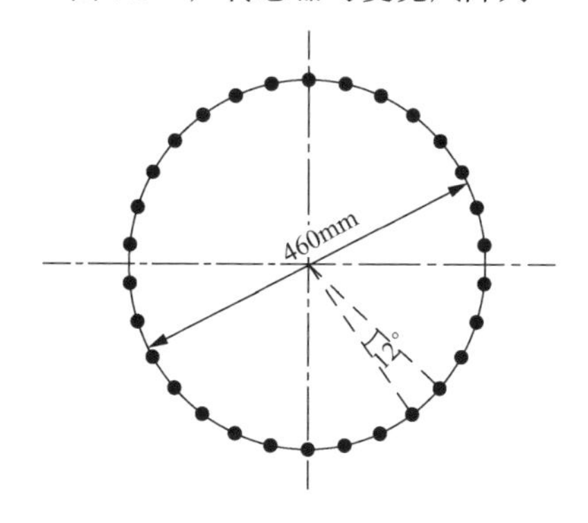

图 7.6　场点排列示意图

声压信号由声传感器传递至数据采集器，在多场点声压信号测量的任务中，数据采集器型号为 PAK MKII-SC42，如图 7.7 所示。传感器可将声压转变为电信号传递给数据采集器，并由数据采集器将电信号转换回声压信号，之后进行数据初步滤波处理，通过降噪滤除环境中的白噪声，经式（3.12）将声压转换为场点声压级，以供后续分析。

图 7.7　PAK MKII-SC42 型数据采集器

本章实验中，轴承工作转速较高，需要采用油气润滑系统对轴承进行润滑，以保证其工作性能。油气润滑是指使用高压空气带动润滑油，以润滑油雾的形式喷入。这种方式能够提高润滑效率，保证润滑面积，同时避免了润滑油滴过大对轴承动态特性的影响。油气润滑系统需要润滑油系统与进气系统（空气压缩机）配合工作，如图 7.8 所示。

（a）空气压缩机

（b）润滑油箱

图 7.8　油气润滑系统

另外，实验中还需要转速控制器与水冷系统。转速控制器可以精准控制陶瓷电主轴的工作转速，控制范围为 0~60000r/min，控制精度为 0.1r/min。水冷系统用以冷却陶瓷电主轴内置电机与轴承，保证电主轴的正常运转。转速控制器与水冷系统分别如图 7.9 所示。

（a）转速控制器

（b）水冷系统

图 7.9　转速控制器与水冷系统

为减小起动过程中的损耗，170mm 外径的陶瓷电主轴采用变频起动策略，使用电主轴配套的电主轴性能测试系统控制其变频起动过程，170mm 外径的主轴测量与控制系统如图 7.10 所示。

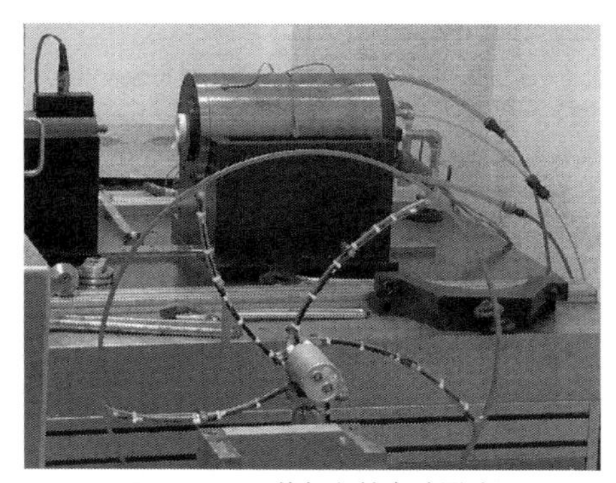
（a）170mm 外径主轴实验照片

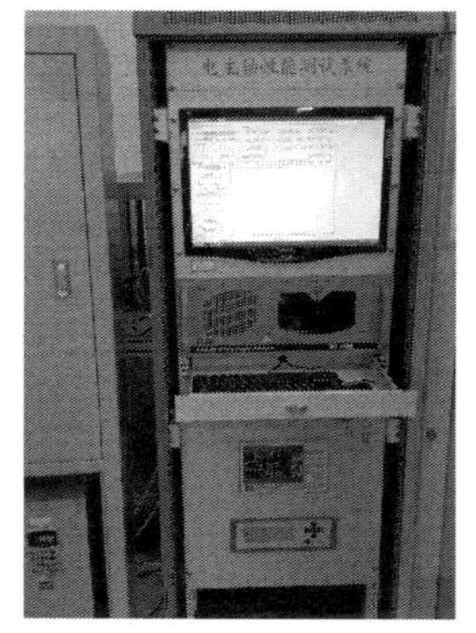
（b）变频起动控制系统

图 7.10　170mm 外径主轴与变频起动控制系统

将实验设施如图 7.1 所示搭建，组成 7003C 全陶瓷轴承辐射噪声测量实验设施如图 7.11 所示。

传感器将测量结果传递给数据采集器，数据采集器再将数据传输给计算机进行处理。数据处理采用与硬件配套的 PAK5.8 软件，现场测量时采用软件控制采样，如图 7.12 所示。

图 7.11　实验台组成

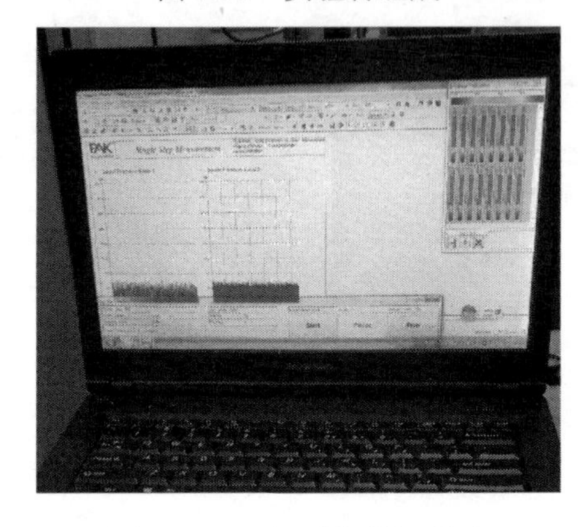

图 7.12　现场采集数据照片

将数据导入计算机后进行处理，得到的信号为各场点处的时频信号，以横轴为频率，纵轴为时间，则得到的场点时频信号如图 7.13 所示。

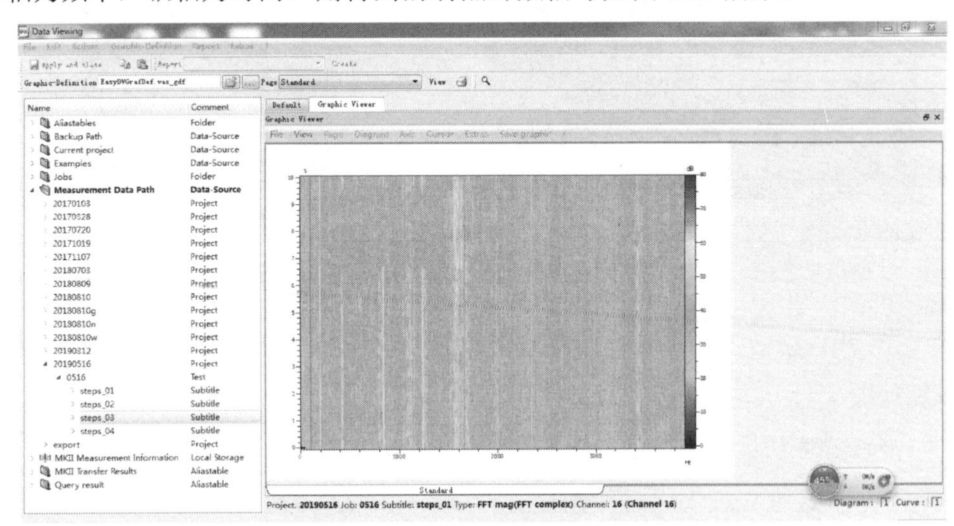

图 7.13　场点处时频信号处理图

对于图 7.13 中的信号时频结果，需要进行后续数据分析，分别得到不同场点处声压级分布情况与各场点声压级随频率变化情况。

7.3 实验测量与误差分析

7.3.1 7003C 全陶瓷轴承实验测量与误差分析

首先选取 100mm 外径电主轴辐射噪声结果进行分析，对应轴承型号为 7003C。考虑环境因素，实验时环境温度为 25℃，声速为 346m/s，背景噪声为 42dB，全陶瓷轴承运转噪声在 80dB 以上，由于声压级与声压之间为对数换算关系，可知背景噪声声压不到轴承辐射噪声声压的 1/100，可以忽略不计。油气润滑中气体与润滑油流速分别为 4.38m^3/h 与 0.03m^3/h，轴向预紧力为 1500N，声传感器前端与最近轴承端面轴向距离为 100mm，调节转速从 15000r/min 升高到 40000r/min，变化步长为 1000r/min，从阵列方向观察，主轴旋转方向为逆时针，数据采集器采样频率设为 50kHz，图 7.5（b）中场点 1 处测量结果与计算结果对比如图 7.14 所示。

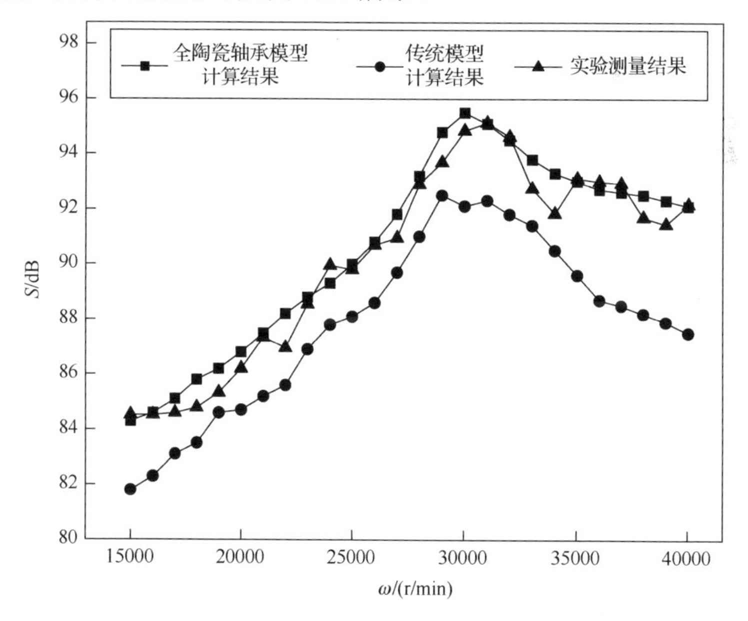

图 7.14　7003C 全陶瓷轴承辐射噪声场点 1 处测量结果与计算结果对比

图 7.14 中，矩形图例所示为全陶瓷轴承模型计算结果，圆形图例所示为传统模型计算结果，三角形图例所示为实验测量结果。可以看出，全陶瓷轴承运转辐射噪声随转速上升而增大，并在通过临界转速后逐渐减小。实验测量结果大致分布于前文所述两种模型计算结果之间，与全陶瓷轴承模型差距更小。为量化比较两种方法计算精度，定义全陶瓷模型计算误差 $E_F = |S_F - S_e|$，传统模型计算误差 $E_C = |S_C - S_e|$。式中，S_F 表示全陶瓷轴承模型声压级计算值；S_e 表示实验测量值；S_C 表示传统模型声压级计算值。通过计算得到 7003C 全陶瓷轴承 E_F 与 E_C 结果，如表 7.1 所示。

表 7.1　不同模型计算精度对比

转速/（r/min）	E_F/dB	E_C/dB	转速/（r/min）	E_F/dB	E_C/dB
15000	0.22	2.72	28000	0.29	1.91
16000	0.08	2.22	29000	1.11	1.19
17000	0.51	1.49	30000	0.65	2.75
18000	1.01	1.29	31000	0.04	2.84
19000	0.87	0.73	32000	0.14	2.84
20000	0.60	1.50	33000	1.06	1.34
21000	0.16	2.14	34000	1.47	1.33
22000	1.24	1.36	35000	0.11	3.51
23000	0.25	1.65	36000	0.30	4.30
24000	0.65	2.15	37000	0.33	4.43
25000	0.20	1.70	38000	0.81	3.49
26000	0.11	2.09	39000	0.86	3.54
27000	0.85	1.25	40000	0.06	4.66

由表 7.1 可知，E_F 在 34000r/min 时达到最大值 1.47dB，而 E_C 在 40000r/min 时达到最大值 4.66dB，E_F 在实验转速下明显小于 E_C，且 E_C 在转速进一步升高时有逐渐增大的趋势，证明全陶瓷轴承模型更能准确模拟全陶瓷轴承运行状态，对于全陶瓷轴承声辐射计算精度更高，稳定性更好。

通过对比全陶瓷轴承模型计算结果与实验结果可知，在大部分转速下，全陶瓷轴承模型计算结果相对于实验测量结果呈现正偏差趋势。这是由于声波辐射计算过程中，传递介质选为空气，而实验中全陶瓷轴承辐射噪声从声源传递至声传感器的路径上通过陶瓷电主轴的壳体材料，壳体材料对辐射噪声的阻抗值稍大于空气，造成计算结果偏大。在算法进一步细化工作中，这方面具有一定优化空间，可根据主轴壳体的厚度，计算其对各频率声波的衰减量，并作为系统偏差对计算结果进行修正。

另外，对周向声压分布模型计算精度进行验证，将主轴转速设为15000r/min，轴向预紧力为1500N，场点直径设为d=460mm，测量步长为12°，轴承正上方12点钟方向设为0°。为更直观地对结果进行对比，采用雷达图对数据进行表示，如图7.15所示。

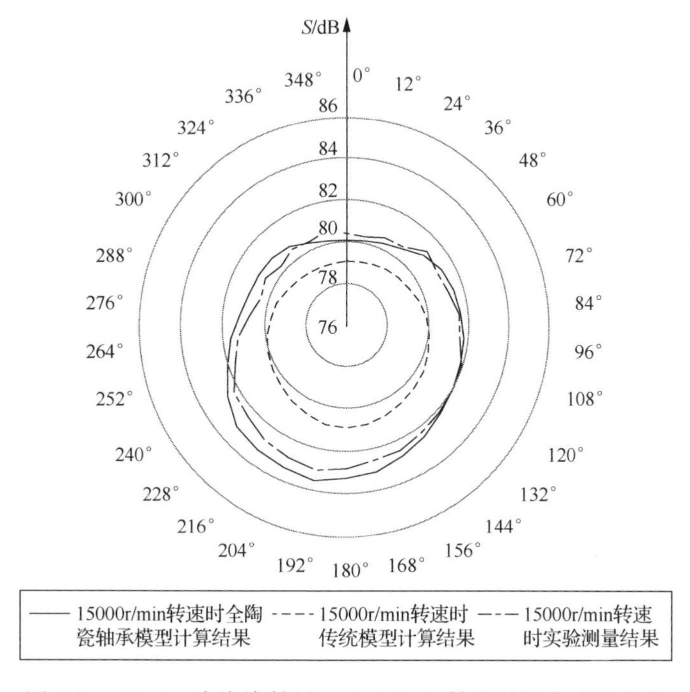

图7.15　7003C全陶瓷轴承15000r/min转速时周向声压分布

图7.15中，实线为全陶瓷轴承模型计算结果，虚线为传统模型计算结果，点划线为实验测量结果。可以看出，轴承声辐射在上半圆周内变化不明显，在下半圆周内波动较大。在周向方向上全陶瓷轴承模型计算结果更贴近实验测量结果，而传统模型计算结果与实验测量结果差距较大。全陶瓷轴承计算结果中声辐射周向分布差异较大，与实际测量结果特征相似，最大声压级出现位置为192°，与测量结果相同，计算最大误差为0.73dB，出现于228°。

将主轴转速提高至30000r/min，其余条件不变，则轴承声辐射如图7.16所示。

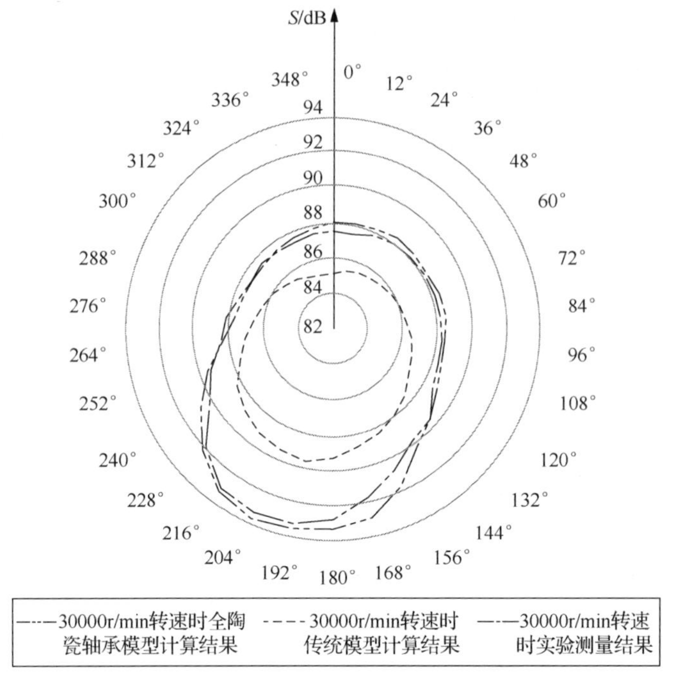

图 7.16　7003C 全陶瓷轴承 30000r/min 转速时周向声压分布

图 7.16 中，实线为全陶瓷轴承模型计算结果，虚线为传统模型计算结果，点划线为实验测量结果。可以看出，声辐射在上半圆周依然变化不大，而在下半圆周出现较大波动，最大声压级出现位置由 192° 变为了 204°，全陶瓷轴承模型计算结果精度依然高于传统模型。与图 7.15 相比，图 7.16 中轴承声辐射在周向上变化更明显，在雷达图中噪声周向分布曲线更接近椭圆，全陶瓷轴承模型的最大计算偏差为 1.16dB，出现于 168°。

7.3.2　7009C 全陶瓷轴承实验测量与误差分析

7009C 全陶瓷轴承辐射噪声分布规律与 7003C 轴承辐射噪声分布规律类似，设场点与轴向预紧力、径向载荷等工作情况不变，则 15000r/min 与 30000r/min 转速时辐射噪声周向分布分别如图 7.17、图 7.18 所示。

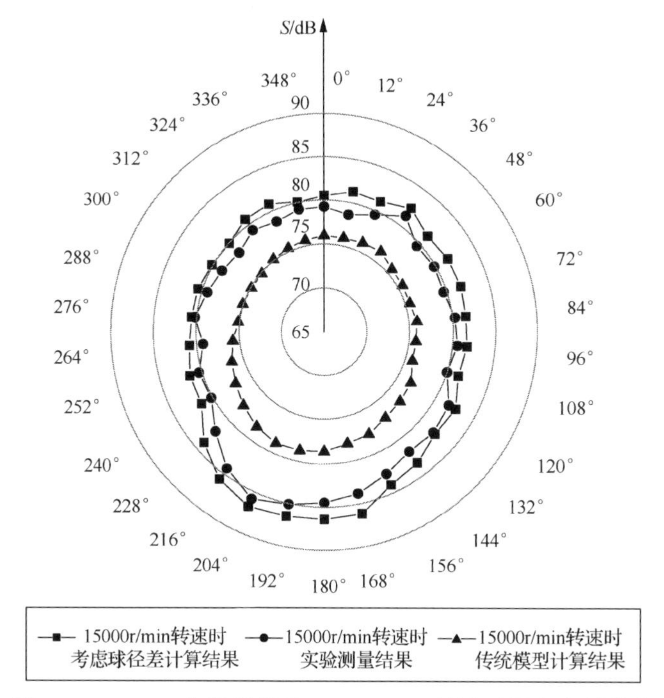

图 7.17 7009C 全陶瓷轴承 15000r/min 转速时周向声压分布

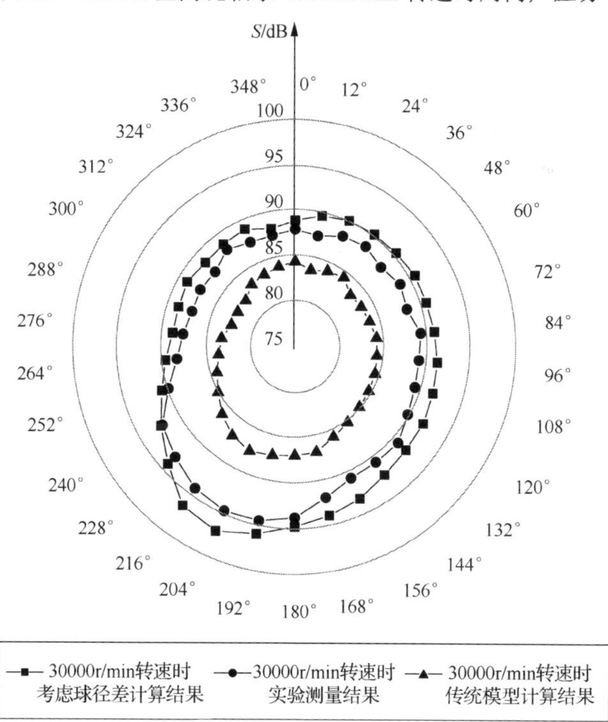

图 7.18 7009C 全陶瓷轴承 30000r/min 转速时周向声压分布

通过对比图 7.17、图 7.18 与图 7.15、图 7.16 可以发现，7009C 全陶瓷轴承的辐射噪声明显大于 7003C 全陶瓷轴承，且 7009C 全陶瓷轴承辐射噪声周向分布形状随转速变化不大。不过，当转速升高时，7009C 全陶瓷轴承的辐射噪声总体增大幅度要大于 7003C 轴承。这是由于随着轴承尺寸的增大，轴承滚动体直径增大，同等转速下滚动体离心力增大，与内圈、外圈、保持架之间摩擦、撞击力增大，因此产生的表面振动更为剧烈，辐射噪声幅值也更大。两组轴承的实验结果与理论计算结果对比的相同点在于，两组轴承的辐射噪声实验测量结果均与基于考虑球径差的动力学模型计算结果比较接近，而与基于传统不考虑球径差的动力学模型计算结果有一定差距。这说明考虑滚动体球径差能够更好地对全陶瓷轴承运转情况进行模拟，使计算精度更高。

综合分析不同转速下的计算结果和实验测量结果可知，由于运转过程中球径差的影响，全陶瓷轴承构件之间摩擦、撞击作用在周向存在差异，产生的辐射噪声在下半圆周呈现明显不均匀分布，最大辐射声压级出现在斜下方偏向转动方向位置。采用全陶瓷轴承模型计算精度较高，误差不超过 2dB。总体而言，由于传递路径上主轴壳体声阻抗较大，因此计算结果普遍大于实验结果，仍存在部分位置实验结果大于计算结果的情况，且这些位置大多位于非承载区间。这些情况的产生主要是由于在非承载区间内游隙的存在，且轴承外圈具有一定的弹性，非承载滚动体在内外圈之间存在往复碰撞的情况，这种往复撞击噪声较大，且未纳入计算范畴，这里也是算法优化的一个主要方向。

通过总结实验结果可知，全陶瓷轴承辐射噪声在周向方向最大声压值位于轴承斜下方，偏向旋转方向。考虑球径差的全陶瓷轴承模型能够准确模拟全陶瓷轴承运行状态，在固定场点与环形场点阵列上计算精度较高，能够满足计算要求。由于计算过程中未考虑陶瓷电主轴壳体对噪声传播产生的影响，在大多数场点处计算结果相对于实验测量结果显示正偏差。随着转速上升，构件之间摩擦加剧，中心场点处偏差减小，环形阵列场点处偏差增大，轴承声辐射周向分布差异增大。同时，由于轴承游隙的存在，非承载滚动体在非承载区间内外圈之间存在往复碰撞现象，致使部分场点处实验结果偏大。与总体辐射噪声声压级相比，误差大小可以接受。本章工作证实了前文建立的全陶瓷轴承振动与声辐射模型的准确性，指出了全陶瓷轴承辐射噪声周向分布不均匀现象，同时对误差进行了分析，为算法精度进一步提升提供了方向。

编 后 记

《博士后文库》是汇集自然科学领域博士后研究人员优秀学术成果的系列丛书。《博士后文库》致力于打造专属于博士后学术创新的旗舰品牌，营造博士后百花齐放的学术氛围，提升博士后优秀成果的学术和社会影响力。

《博士后文库》出版资助工作开展以来，得到了全国博士后管委会办公室、中国博士后科学基金会、中国科学院、科学出版社等有关单位领导的大力支持，众多热心博士后事业的专家学者给予积极的建议，工作人员做了大量艰苦细致的工作。在此，我们一并表示感谢！

《博士后文库》编委会